我们如何面对痛苦、疾病与死亡

雷曼医生的治愈故事

[美] 瑞秋・娜奥米・雷曼 Rachel Naomi Remen 著

黄程雅淑 译

Kitchen Table Wisdom

STORIES THAT HEAL, 10TH ANNIVERSARY EDITION

中国青年出版社

图书在版编目（CIP）数据

我们如何面对痛苦、疾病与死亡：雷曼医生的治愈故事／（美）瑞秋·娜奥米·雷曼著；黄程雅淑译. —北京：中国青年出版社，2024.6
书名原文：Kitchen Table Wisdom: Stories That Heal
ISBN 978-7-5153-7214-3

Ⅰ. ①我… Ⅱ. ①瑞… ②黄… Ⅲ. ①心理学－通俗读物 Ⅳ. ①B84-49

中国国家版本馆 CIP 数据核字（2024）第097183号

我们如何面对痛苦、疾病与死亡：雷曼医生的治愈故事

作　　者：［美］瑞秋·娜奥米·雷曼
译　　者：黄程雅淑
责任编辑：肖　佳
文字编辑：吴梦书
美术编辑：杜雨萃
出　　版：中国青年出版社
发　　行：北京中青文文化传媒有限公司
电　　话：010-65511272／65516873
公司网址：www.cyb.com.cn
购书网址：zqwts.tmall.com
印　　刷：大厂回族自治县益利印刷有限公司
版　　次：2024年6月第1版
印　　次：2024年6月第1次印刷
开　　本：880mm×1230mm　1／32
字　　数：177千字
印　　张：8.75
京权图字：01-2023-1544
书　　号：ISBN 978-7-5153-7214-3
定　　价：59.90元

目　录

Contents

第一章　生命力　007

梅　花　009

生存的意愿　012

前排席位　017

风　格　020

沉　默　024

故事背后的故事　027

被堤坝拦住的河流　030

第二章　评　判　033

想做正确的事　037

遇见“正确”先生　040

回归初心　042

超越完美　044

平凡的英雄　047

医生不会哭　049

戴口罩的人是谁 053
亲吻伤口 057
曾经的我 059
治愈的礼物 061
论标签与敬畏 064
成为有用的人 066
不知名的树林 067

第三章 陷 阱 069

远程疗愈 073
镜 像 076
好 运 078
恩 典 081
障眼法 083
皇帝的新衣 086
后知后觉 091

第四章 自 由 093

漫漫回家路 099
破碎的花瓶 102
另一种沉默 107
回 家 113
回 忆 117

第五章 敞开心扉 123

生活方式 126
只是倾听 128

航班故事 130
以心观之 133
让关爱被看见 135
治愈无时效 138
我们之间的东西 141
意义的力量 143
传 承 146
有些东西永远属于你 148

第六章 拥抱生命 151

登 顶 156
我从未许诺给你一座玫瑰花园 158
健康的人才能享受生活 161
看得见风景的房间 163
关于放手的三个寓言 165
没有始哪有终 168
降 服 171
依恋还是承诺（1） 172
吃曲奇 174
选择生命 176
依恋还是承诺（2） 181
所有或一无所有 183
拥抱生命 186

第七章 相互帮助，相互治愈 193

人 类 198
相互帮助，相互治愈 203

我们如何看彼此 206
触　摸 213
圣　地 217
圣　影 219
治愈是相互的 225
看　见 228

第八章　避难所 231

独一无二 235

第九章　神秘与敬畏 239

自　由 243
问　题 248
什么是只手之声 250
黑暗的深渊 256
在拐角处看见 261
神圣的瞬间 264
奥　义 268
最后一课 270

后　记 275

致　谢 277

第一章

生 命 力

Life Force

协调、优雅、神秘、唯美。我刚从医学院毕业时，可不会这样描述生命。那时我对生命还不太了解，没有见识过强大的生命力，不知道人的生存意志可以以各种微妙的形式存在，也不知道每个生物心中都对生命怀有无法抑制的爱。我没有经历过生命的自我成全，也没有体会过极度脆弱时生命释放的力量。我对生命毫无敬畏之心。我曾以为生命已经破碎了，而我，只要用强大的现代科学武装自己，就能修复它。我曾以为我也破碎了，但生命让我看到了它的另一面。

许多人来向我咨询，是因为现代医学在某种程度上让他们失望，或者现代医学没能治好他们。他们也别无他法，只希望找到一种方法来治愈生命、配合生命甚至强化生命。在过去20年里，我听了成百上千的故事，不得不说大多数人并未认识到自身生命力之强大，也并未认识到生命力的众多呈现方式。然而，我们每个人都感受过它的力量。我们心存疑虑，只因伤痕累累。

所以，我通常会和第一次来咨询的人先谈论生命本身，谈论我们对生命的态度、体验以及对生命的信任或不信任，让大家学会从自身和旁观者视角来看待生命。一开始我们只谈论生命力。经历了50多年的人生后，我知道生命是可以信赖的。

梅　花

多年前，我陪一个在装修房子的朋友购物。走进一家日本家装店，店里唯一的售货员立马迎了上来。她身材矮小，身穿和服，一把揽住我朋友的胳膊，和他大声且激动地讨论起日本绘画。她的个头勉强到我朋友的手肘，虽然不是五大三粗的类型，举止却让我感到不太舒服，于是我朝门口走去，躲在货物后面等朋友买完东西。我以为自己隐藏得很好，直到售货员转身向我走来，一边走一边指着我。我那时才发现她比较年长，可能听力有障碍，所以说话才那么大声。她拉着我的胳膊穿过家具展厅，脚上的木屐发出咔嗒声，反复说着“来，你来”。我想甩掉她，但没想到她虽然矮小瘦弱，却抓我抓得很紧，我只得随着她往前走。跟在后面的朋友被我的挣扎逗乐了。

售货员把我们带到商店后面的一个房间，里面只挂了4幅卷轴画，每面墙上一幅，代表四季。与家装店中的画作不同，这些画作像博物馆的展品一样有质感。其中一幅卷轴上画的是一根虬曲苍劲的树枝，上面开满数百朵粉红色的小花，白雪覆盖着树枝和花朵，十分精美。

她把我带到这幅画前，对我说："你看，你看！二月！梅花开了！"她异常激动地告诉我梅花是最早开放的，通常二月就开了，那时春天还没来，因此要经历苦寒。她用患有关节炎的小手触摸着树枝上的雪，用力地点头。然后她盯着我的脸，轻轻摇晃我的手臂，说："梅花，预示着一年的开端。梅花就像日本女人一样，文静，温柔，细腻……求生。"

我对此困惑了很长一段时间。我是一名医生，我认为我了解"求生"，毕竟我的工作就是让人活下去。求生是专业的问题，是方法和行动的问题，是能力和知识的问题。所以售货员说的话对我来说没有任何意义。

我之所以对她说的话感到困惑，还有另一些原因。如同梅花一样，我也来得很早。我妈妈患有妊娠中毒症，于是通过紧急剖宫生下了我，所以我的体重远低于足月诞生的婴儿的体重。我出生于1938年2月，大家都没想到我能活下来。童年时期，身边的人不断告诉我，是恒温箱的发明让我活了下来。所以我多年来一直感激这项技术救了我的命。而青年时期的我也成了一名儿科医生，在早产儿重症监护室，用更强大的技术让其他婴儿活下来。但那位售货员说的话让我产生了疑问：也许这些小婴儿之所以能活下来，不仅仅是因为医护人员熟练使用了最先进的技术，而是他们身上有某种天生的力量？我能活下来也是这个原因？而我以前从未这么想过。

这让我想起14岁那年的春天。一天，我在纽约第五大道上走着，惊讶地发现人行道上长出了两小片青草，嫩绿的青草不知怎么冲破了水泥。我顾不上摩肩接踵的人群，停下脚步看着它们，感到难以置信。那个画面让我觉得特别不可思议，久久无法忘却。那时，我对力量的理解不同于现在。我感受过知识、财富、政府和法律的力量，却从未体验过这种别样的力量。

意外和自然灾害常常让人觉得生命很脆弱。我的经历告诉我，生命可以突然改变，或毫无征兆地结束，但它并不脆弱。生命是无常的，但不代表它是脆弱的。从生理学角度来看，身体本身就是一个复杂的制衡设计，优雅的生存策略在其他生存策略之上层层叠加，平衡与再平衡。任何人，不论年长还是年轻，只要目睹过大规模开刀手术（如骨髓移植或心内直视手术）后的康复过程，即使没有对身体的生存能力产生敬畏，也会产生深深的敬意。似乎人体的细胞里存在某种生命的顽强，如果没有这种顽强，即使最先进的医疗干预也不会成功。即便最弱小的人也有强大的生存欲望。我记得在学医的时候，一位老师向我们示范将一根手指放进新生婴儿的嘴里，手指一旦被吸住，就能靠婴儿吮吸的力量轻轻地将他从床上抬起。

这种生命的顽强在所有人身上，不会衰减，直至死亡来临。

生存的意愿

我们能选择是否活着吗？会不会像选择一套衣服或一辆车一样简单？许多人相信我们有这个选择，但证据表明，我们并不能像选择物品一样选择生命，因为生命不是物品。渴求活着的人可能在某个时刻突然死去，而那些觉得活着没什么意思的人可能一直活着。然而，许多人内心却觉得生命在某种程度上是一种个人选择，真是奇怪！

经过多年观察，我开始好奇，是否在梦境和意象中存在着一种意志，它是我们个人生活重心的部分表达。在深层的潜意识里是否存在着为了意识层面某个未知目的而不断维持的动力，这是我们个人的生命力量对某种特定和具体事物的承诺。也许在个人是否可以选择生存这一议题之下，隐藏着一个更古老且更神秘的概念——生存的意愿。

若是如此，很多潜意识因素都可能会影响生存意愿，影响它的强度、连贯性和韧性。我们对生命本质、对生存价值最深刻的、最无意识的信念都会影响生存的意愿。有时，只有当一个人面临重大疾病的威胁时，想要活着的意愿才最明显。

马克斯曾经过着边缘化的生活，抽烟、喝酒、斗殴、飙车，怎么危险怎么来。到63岁的时候，他已经经历了4次婚姻，发了两次财又破产两次，现在是一名成功的养牛户。他坐在我办公室里，戴着牛仔帽，穿着破烂的靴子，就像他心爱的那头冠军牛被圈在小围栏里一样，浑身不自在。我询问他的过去，得知他是在美国中西部的一个牧场长大的。他的父亲是一个牛仔，母亲是镇上银行家的独生女。他与母亲比较亲近，而他那健壮胆大的哥哥则和父亲比较亲近。他说父亲曾经很爱他，然后把目光移向别处。

他坐在那里，魁梧，能干，看起来有点鲁莽。他的双手放在膝盖上，长期的户外劳作让双手伤痕累累。那是一双成年男人的手，可为什么有那么一瞬，我感觉面前是一个用刺将自己包裹起来的脆弱男孩？于是我问起关于他的出生和幼年的故事。他说他是早产儿，所以两三岁前一直体弱多病，所以他曾占用母亲大部分的注意力、担忧和时间。对此，父亲感到很沮丧，直到有一次他和母亲激烈争吵的时候说："如果这家伙是只动物崽子，我早就把他扔出去饿死了。"我问他，这话是他亲耳听到的还是别人跟他说的，他说他自己也不太记得了，但坚持确有其事。

即使后来他长得高大又强壮，父亲对他的怨恨也丝毫没有减少。"他不是个宽容的人。"他说。有时候他父亲会一连几个星期都不理他，对他视而不见，就像他完全不存在一样。他不明白为什么。他的童年很不快乐，因此他15岁时就离开了家。

我的问题让他有点生气，他质问我这些有什么重要的。他跺着脚，眼里充满不安，然后心不在焉地拍了拍口袋，可能是想抽烟。我向他解释说，人们对自己的态度有时会帮助或阻碍身体的恢复，所以医生有必要尽可能多地了解病人。

他说他有自我毁灭倾向，自记事以来就总把自己“推向死亡”，然后向我描述他多年来生活艰难，伤痕累累。童年时期的他总是遭遇意外，越是这样，母亲就越关注他，而父亲就越怨恨他。他也不明白为什么自己体格健壮，肢体协调，却总是受伤。“我总觉得自己无足轻重，一无是处。”尽管他生意做得很成功，在体育运动中表现很突出，也很受异性欢迎，但这些只是将他内心的自卑掩盖起来，丝毫不能减轻自卑。他冷冷地说：“不过是自欺欺人。”我说：“也许你难以变好，是因为你永远不知道要做些什么才能让自己感觉好起来。”听我这么说，他一脸疑惑。我接着说：“你过去要么是在为讨好母亲而活着，要么是在为迎合父亲而想着去死。”

一语惊醒梦中人。他过去总在想自己这么草率地活着，究竟是为了获得父亲的认可，还是为了证明自己已经成长为一个更强大的人。我的话让他有了新的解读：“从我一出生，就是父亲的眼中钉、肉中刺，不论我做什么都无法改变，反正他就是不想要我。”

我提醒他，尽管他那么多次与死神擦肩而过，骨折，意外，几乎每天都身处危险之中，但依旧活得好好的。我问他，是什么让他度过了这一切。他想也没想就脱口而出：“走运呗！”我充满怀疑地看了他一眼，没人会这么幸运。他坐在那里想了很久，然后低声哽咽着说他其实一直都想活着。我几乎听不清他说了什么。我问：“你可以大声说出来吗？”他低头看着两脚之间的地毯，说不出话来，只是点头。然后他用几乎耳语一般的声音说：“我感到羞愧。”

我很同情他。他一直盯着地毯，声音颤抖地说：“我体内有什么东西想活下去。”“马克斯，说出来！”我想，“说出来，把真实想法说出来！”我想要再推他一把，便问道：“你能看着我的眼睛，然后把话说出来吗？”我能感受到他内心的挣扎。我是不是将他逼得太紧了？他从未直面他父亲，而且大声说出这句简单的话有违他已经坚守了一生的生存模式。他可能就连这小小的自我解放都做不到。他努力抬起了双眼，镇定地说：“我想活下去。”声音依旧哽咽，却清晰入耳。我们凝视着对方，他的目光没有闪烁。我微笑着对他说：“我也希望你活下去。”

对于马克斯过去的人生的一种解读是，他父母之间的那次争吵一直在他的潜意识中继续着。母亲努力让他活下去，父亲希望他从这个世界消失，他自己则因此而困惑且迷失其中。多年来，他徘徊在生死之间。尽管他没有意识到，在这种拉扯之中，他自己掌握着决定性的一票。内心的激烈矛盾让他只能一次又一次地将自己推到死亡边缘，一次又一次地“投票”，通过这种方式来让自己对自己的选择安心。每一次活下来，他都能再次感受到自己生存的意愿。当一个人潜意识存在十分激烈的斗争时，他只能通过外在不断的意外和危险来重新审视自己的选择。

而在这一系列考验生命的危机中，癌症是最后一关。这就是他出现在我这里的原因。得了癌症的他必须做出最终的选择。只有意识和潜意识的选择达成了一致，他才有可能战胜如此致命的疾病。

马克斯患的是转移性结肠癌。专家给了他一份并不乐观的统计数据和一个谨慎的预后。但专业知识不是洞察力，医学专家也只能处理概率问题，不能决定具体结果。做类似工作的人都明白，医学预后不一定是最终事实，就像地图不一定代表真实的领土，建筑设计图不一定代表最终的建筑物本身一样。

我和马克斯第一次见面后的第8年，他去世了。有几年，我们一起探讨第一次见面时打开的心灵之门，我开始对这个坚强、有趣、善良的人产生深深的感情。渐渐地，他能够理解并原谅父母，开始重视并照顾自己。他不再受伤，也没有再遭遇意外事故。最初那几个月，他经常拿我当初和他一起“投票”的那一刻开玩笑。他会轻声笑着说：“我们二打一，彻底打败了那个混蛋。”

我告诉他我想让他活下去，那时的我是一个对他的生命来说很重要的人，而不是一个知道他的结局的人。在专业知识之外，每个医生都会对病人产生这样的想法，无论他们活下来的概率有多大。这是所有医学培训、所有努力背后的动力，也是所有承诺的基础。我只是觉得有时候需要患者自己大声把这种意愿说出来。

前排席位

对于未知的事物，人们总是会疑虑重重。即使我经历了7次大手术，有时仍然不相信自己能痊愈。1981年，我经历了6个小时的腹部手术，但几天后肠道缝合线断裂，我患上了腹膜炎和败血症，确诊时我已病入膏肓。我被紧急推回手术室，进一步的手术把我从死神手里抢了回来。我还记得我被匆忙推进走廊，头顶的灯在我眼前闪过。我的主治医生，也是我的朋友，他跟着我的轮床跑。美国的医学文化就是这样的，主治医生和我谈论病情，就好像两个在员工餐厅共进午餐的医生在谈论共同的病人。他说："情况是这样的，由于伤口感染，我们要按一期愈合来进行缝合。"病重的我已经上了麻药，只记得自己想了一下："一期愈合，我好像知道是什么意思。"接着我感觉事情加速，然后就不省人事了。

几个小时后，我在康复室醒来，感到头晕目眩，意识到自己再次活了下来。我几乎没有意识，用指尖探查了腹部，那里有一个和以前一样的柔软的大绷带，这种熟悉的感觉让我放心地再次昏睡过去。

第二天，护士来帮我换敷料。她一边轻松地和我聊天，一边把绷带打开，我低头看了看，以为会看到一条缝了100多针的35厘米长的切口，但我看到的是一个巨大的伤口，就像我以前在手术室协助手术时看到的那些开放伤口一样。主治医生的话立即出现在我的脑海——一期愈合，我现在总算知道这是什么意思了。在伤口感染的情况下不会缝合伤口，只会缝合腹膜和筋膜然后让伤口自行愈合。

我深感震惊，低头看着腹部的一片狼藉。这伤口显然可以致命。我记得当时的想法是："这么严重的伤口根本就不可能愈合。"护士还在兴致勃勃地说着话，完全没注意我的反应。她把敷料贴好，离开了房间。第三天早上她又来帮我换敷料，这次我干脆把头转过去不看。她依旧一边换药一边愉快地和我说话。但我没有回答。我陷入了绝望。

接下来的每天早上都是同样的过程，她一边拆开绷带一边鼓励我，我则背过脸去等她弄完。大概一个星期后，我突然意识到，不管怎样，我还活着。也许我不会死于这个伤口，而是会带着它活下去。这又引发了我新的担忧和困扰：肚子上有这么大一个伤口，我可怎么生活啊？可能过很多年后伤口会长好，只留下一条35厘米长、几厘米宽的疤痕。在伤口长好之前，我不能穿紧身牛仔裤或泳衣。我能穿特大号的衣服吗？或者用棉花把伤口填满，然后用胶带粘住，这样就不会露出来了？

这样想了几天后，我开始面对现实：如果我要带着伤口生活，就必须面对它。所以那天护士拆开绷带的时候，我强迫自己去看，以为会看到10天前那个巨大的伤口。但它不一样了。我震惊地看到伤口已经从底部开始愈合，它明显变窄了。之后奇妙的事开始发生。护士每天都来更换敷料，我则看着这个巨大的伤口慢慢地、耐心地、自然地愈合，直至变成一条极细的伤疤。而我作为一名医生，却无法控制这个过程。我有些羞愧。因为我无疑曾在前排席位亲眼见证过治愈的过程。很久以后我才意识到，从进入医学院的那一刻起，我就一直占据着同样的前排席位，见证生命的力量。我在自己身上看到的这种生命力是所有人与生俱来的共同权利。

风 格

每个人身上都有追求完整的自然冲动，每个人也有自己的治愈方法。有些人能痊愈是因为他们有工作要做，有些人则是因为已经从工作中解脱出来，摆脱了别人施加给他们的压力和期望。而在治愈的过程中，有些人需要音乐，有些人需要安静，有些人需要身边的人，还有一些人独自治愈。有许多不同的事物可以激活和增强我们的生命力。治愈的条件则像指纹一样因人而异。有时，人们会问我在治疗患者时都做些什么，其实通常我只是提醒患者他们有治愈的可能，并研究他们自己的治愈方式。

不久前，一个为癌症病人设计的想象训练项目将一个年轻人转诊到我这里。他被确诊为恶性黑色素瘤，但治疗的积极性不高，在完成强化训练后仅一个月，他就不记得做每日的冥想练习了。这个转诊意图很明确，也许我可以扭转他的自毁倾向，鼓励他努力求生。

吉姆曾是一个大型机场的空中交通管制员。他沉默寡言，大家可能会觉得他很害羞，但你会在他的眼神中看到坚定。他尴尬地告诉我，他是训练课上唯一一个坚持不下去的人，他也不明白为什么。我们聊了一会儿他对未来生活的打算和对确诊的看法。他说当然非常希望能康复，他喜欢自己的工作，热爱家庭，期待把儿子养大成人。我发现他并没有什么自毁的倾向，于是开始询问他在训练课上想象的画面。

他打开一张画着鲨鱼的画，鲨鱼张开巨大的嘴巴，嘴里长满了尖利的牙齿。在每天3次，每次15分钟的冥想时间里，他想象成千上万条小鲨鱼在他体内捕食，凶猛地攻击并摧毁它们发现的任何癌症细胞。这是一种传统的关于免疫系统的意象模式，许多自愈书都推荐这一模式，有无数人在使用。我又问是什么导致他不再做冥想，他叹了口气，说觉得很无聊。

对他来说，这个训练从一开始就不顺利。第一天上课时，培训师要求全班同学想出一张关于免疫系统的图像，结果在后来的课堂讨论中，他发现自己想到的图像是不“正确”的。然后全班同学和心理学家/引导者都来帮他，直到他想到了这条鲨鱼。我看着放在他腿上的这幅画，它与面前这个矜持的人格格不入。

出于好奇，我问他最初想到的是什么，他看向一旁，含糊着说：“不够凶猛。”是一条鲶鱼。我很感兴趣，因为我对鲶鱼一无所知，甚至从未见过鲶鱼，也从未有人提及鲶鱼在治愈过程中的角色。他越来越热情地向我描述鲶鱼在水族馆里的活动。与其他更具攻击性和竞争力的鱼类不同，鲶鱼是底层鱼类，在用鳃过滤沙的同时不断分辨废物与非废物，吃掉对水族馆中其他动物来说没有用的东西。它们从不睡觉，能够做出许多快速且准确的决定。作为一名空中交通管制员，他很钦佩鲶鱼的这种能力。

我让他简单描述一下鲶鱼的特征，他想出了诸如“敏锐、警惕、完美、彻底、坚定”以及“值得信赖”之类的词。“还不错。”我想。

我们又聊了一会儿免疫系统。他不知道人体内数十亿个细胞中，每一个细胞的DNA都带有高度个性化的特征，相当于个人设计师的标志。免疫细胞可以识别每个人自身的DNA标志，同时吞噬不带有这一DNA标志的细胞。免疫系统是细胞层面上个人身份的捍卫者，日夜不休地不断巡逻在自我/非自我的边界，区分自我和他人。癌症细胞已经失去了DNA标志，所以健康的免疫系统会攻击并摧毁它们。事实上，吉姆的潜意识为他提供了一个关于免疫系统的特别准确的图像。

我还是一个医学学生时，曾参与过一项研究，从一个人身上取下一小群皮肤细胞，微移植到另一个人的皮肤上。我告诉吉姆，在实验中，第二个人的免疫系统会在72小时内搜索携带自己DNA标志的数十亿细胞，找到这一小群携带错误DNA标志的细胞，并将其摧毁。我还描述了我们为隐藏这一小群微移植物做了多少巧妙的努力。但我们还是无法战胜免疫系统，它每次都能发现这些细胞并摧毁它们。

他似乎仍然心存疑惑。训练课上的老师和同学们都强调说，有效的抗癌图像必须有积极进取的“战斗精神”和“杀人动机”。他又脸红了。“还有什么别的事吗？”我问。他点点头告诉我，在他老家，鲶鱼长大后，会在一年中的某些时候“穿过”马路。他小的时候觉得这是个奇观，所以很喜欢观察它们，还养了几条当宠物。“吉姆，”我问，“什么是宠物？”他看起来很惊讶，回答说：“怎么这么问？宠物就是不管发生什么都会爱你的东西。”

于是我让他总结一下自己的想象。他闭上眼睛，说有数百万条鲶鱼，不眠不休地在他的身体里游来游去，出于宠物对主人无条件的爱和奉献，它们保持警惕，孜孜不倦又尽心尽力地进行分辨，耐心地检查每一个细胞，放过健康的细胞，吞噬癌变的细胞。它们在乎他的生死。它们就像吉姆的宠物狗一样，把他看作是特别的、唯一的主人。他睁开了眼睛，说："可能听起来很可笑，但我感激它们对我的爱护。”

这个意象深深打动了他，令他记忆深刻，想象训练也不再无聊。他坚持冥想了一年。几年后，他已痊愈，却依旧每周做几次这个练习。他说，这个练习能提醒他，在最深的层面上，他的身体是站在他那边的。

人们可以学着去研究自己的生命力，就像园艺大师研究玫瑰丛一样。园丁变不出玫瑰，但只要玫瑰丛的需求都得到满足，玫瑰就会自然绽放。园丁们只是配合并提供有利于玫瑰绽放的条件。任何修剪过玫瑰丛的人都知道，生命会以一种略微不同的方式流过每一丛玫瑰。

沉 默

青少年时期的我曾经做过一份暑期工作，在一家养老院做志愿者，陪伴老年人。一开始要上两周强化培训课，学习如何与老年人沟通。我有很多东西需要记住。我一开始是相当真诚地想要丰富暑假生活，现在却变成要学习一套严格制定的技术和技能，还要被护理人员评估。所以第一天去真正接触病人的时候，我相当焦虑。

我接到的第一份任务是去看望一位96岁的奶奶，她已经一年多没有和人说过话，被精神科医生诊断为阿尔茨海默病，药物治疗不起作用。护工觉得她应该不会和我说话，但希望我能带她做一些互动活动。养老院给了我一个大篮子，篮子里装满了各种大小和颜色的玻璃珠。我们可以一起穿珠子。一个小时后我要向护理站汇报情况。

我并不想去见这位病人。我被她的年纪吓到了，再加上她有阿尔茨海默病，我觉得她不仅是我当时见过的最老的人，而且还有点疯。带着一种不祥的预感，我敲了敲她的房门，无人应答。于是我打开门进去，那个房间很小，只有一扇窗，正对着早上的太阳。窗前放着两把椅子，老奶奶坐在其中一把椅子上，看向窗外，另一把椅子是空的。我在门边站了一会儿，但她没有任何反应。我有点不知所措，只能走向那张空椅子，坐了下来，把一篮子珠子放在腿上。她似乎并未注意到我来了。

我想了半天怎么开口说话。那时的我非常害羞，所以父母才建议我来做这个工作。即便是在轻松一点的环境里，我也很难开口讲话。房间里一片寂静，这种氛围让人觉得此时开口说话是一件很粗鲁的事，但我真的很想成功完成任务。我想到了培训课上提到的对话方法，但又放弃了，这些方法似乎都不可行。她一直看着窗外，我只能看到她的侧脸，甚至感觉不到她在呼吸。最后我干脆放弃了，抱着一篮子玻璃珠坐了整整一个小时，相当平静。

一阵微小的铃声打破了寂静，这意味着一个小时的晨间活动结束。我抱起篮子准备离开。但当时的我才14岁，好奇心赢了，我转向她问道："您在看什么？"随即羞红了脸。这里是禁止打探病人生活的，我想也许她听不到。但她听到了，慢慢转过脸来，我第一次看到她那容光焕发的脸。她说："孩子，我在看着光。"声音里充满了喜悦。

多年后，作为一名儿科医生，我会看到新生婴儿用同样专注的表情看着光，似乎在听什么。幸好我当时没有打断老奶奶。

96岁的老奶奶因为动脉硬化损坏了大脑，或者因精神疾病而不再开口说话。但也可能是她已经退到了介于生死之间的地方，思考接下来的人生，展开她的帆，耐心地等待着光明。

我偶然在两个世界之间找到了她，这也许是上天的恩赐。我常常会想，如果我是一名训练有素的专业医生（我不久后确实成了这样一名医生）会怎样？那时的我并不知道如何才能找到她并与她坐在一起，也不知道如何向她学习沉默并信任生命。如今，多年过去，我希望我现在知道了。

故事背后的故事

莎拉和我一样，患有克罗恩病[①]多年。在患病的30年里，她做了超过14次的腹部和关节外科手术。这些经历让她觉得自己是受害者。她第一次来到我的办公室时，正患有慢性抑郁，因自哀自怜而无法正常生活。但随着时间的推移，她的情况逐渐好转。现在，她每周工作3天，还要在家忙里忙外。整个咨询结束后，她的丈夫评论说她的变化太大了，跟换了个老婆似的。

咨询结束的一年后，她因下巴疼痛去看牙医。诊断结果是骨头中有一个小脓肿，医生说需要进行根管手术来矫正。就在牙医开始描述手术过程时，她突然站起来，离开了那里。几个小时后，我接到了她丈夫打来的紧急电话，他说他下班回家后发现莎拉穿着浴袍坐在客厅里，情绪非常低落。而莎拉一句话也不说，所以他也不知道发生了什么。“带她过来。”我说。

① 一种病因不明的肠道炎症性疾病。

莎拉的变化令我震惊。她看起来和3年前我们第一次见面时差不多，眼睛里毫无生气，头发乱蓬蓬的，衣着很不协调，仿佛打开衣橱随手抓到一件衣服就穿在了身上。她瘫坐在我对面的椅子上，用平淡的声音向我讲述那天下午在牙医办公室里发生的事。“我实在无法承受，我做不到，”她说，“就像压死骆驼的最后一根稻草。”

“发生什么了，莎拉？”我问。她哭着说：“我也不知道。我当时就像第一次来找你咨询时一样，有种被压垮、被击倒的感觉。”我建议再做一下之前很有效的想象练习，也许能帮她找出痛苦的原因。她哭着答应了。

我让她靠在椅子上放松自己。她慢慢开始找到熟悉的模式。当她的呼吸变慢变深时，我让她想象自己站在一扇紧闭的门前。“当你觉得准备好了，就去开门。”我说，“你会在门后发现一些能帮助你表达内心感觉的东西。”

她打开那扇想象中的门，惊讶地发现自己身处一间医院病房，病床上昏迷的病人就是她自己，大约30年前她发病时就是这个样子。

在接下来的近15分钟内，她在想象中经过了一个又一个病房，慢慢回顾着她长期患病的整个过程，一年又一年，一次次手术，一次次挫折，一次次康复。我跟随着她的感觉，理智却让我开始反对这个过程。我暗地里怀疑，现在这些真的能对她有帮助吗？重温这所有的痛苦不会让她感觉自己更像一个受害者，更加无助吗？但当她继续想象时，她的声音变得越来越有力，她还在椅子上挺直了身子。她回顾了1988年，站在手术室里看着一场手术，那可能是她的第12次手术，那次手术完全更换了她的右髋关节。她突然睁开眼睛大笑起来。“牙根管，该死的根管。”她咆哮着，眼泪顺着脸颊流了下来。她说：“我可以轻松应对这个小手术。”

通过回顾整个生病过程，莎拉得以体验这些经历背后的故事，找回那些熟悉的事实和事件对她的意义。她深刻而诚实地面对创伤，找到了自己的力量，感受到自己顽强的生存意愿，得到了勇气，有能力一次次治愈自己。也许每个“受害者”都是幸存者，只是他们还未意识到罢了。

被堤坝拦住的河流

一开始，面对疾病给我带来的痛苦，给我的生活带来的种种限制，我很愤怒。15岁时，我病得很重，得时刻考虑我的身体状态是否允许我做一些事，哪怕是最简单的事。我能不能吃奶酪？有没有力气走上这段楼梯？我可以去看电影吗，中途会不会因为肚子痛而离场？疾病主宰着我。虽然疾病至今仍然影响着我的生活，但现在的影响要小多了。

也许只有青少年才能感受到我当时那种愤怒。我讨厌所有健康的人，讨厌家族遗传给我的这种基因，讨厌我的身体。我愤怒了将近10年。

即将进入医学培训的最后一年时，情况发生了变化。一家很好的培训医院聘我为高级住院医师。但我没有足够的体力来应对工作。我的梦想又被偷走了。那天下午，我开车去了供医院教职员工使用的海滨别墅。我在一片混乱中沿水边疲惫地行走，将自己与同龄人进行比较，他们看起来活力无穷。我也想像他们一样。我记得我认为这疾病夺去了我的青春，但还没意识到它赠予了我什么作为交换。

面对这些痛苦的想法，一股强烈的愤怒席卷了我，这种感觉我以前经历过很多次。但由于某种原因，这次我没有被它淹没。我反而感到愤怒渐渐消散，我内心有个声音在说："你怎么会没有活力？这就是你的活力。"

令我震惊的是，我看到了我的愤怒与我的生存意志之间的联系，这种愤怒就是生存意志的外化。我的生命力和我的愤怒一样强烈，一样强大，但这是我第一次以不同的方式体验它，感受它。在那个最初的惊喜时刻，我瞥见了关于自己的本质。在内心深处，我热爱着生命，我想好好活着，也想帮助他人好好活着。不知怎么，疾病给我带来的种种限制阻碍了我，而我的生命力反而变得越来越强大，就像一条被堤坝拦住的河流。我以前并未意识到这一点。我还意识到，生命力以愤怒的形式呈现出来，代表它被困住了。愤怒帮助我生存下来，抵抗疾病，继续战斗，但我无法用愤怒来建设憧憬的生活。我知道我不能再这样了。我确信自己的痛苦不是谁的错，也不是这个世界的错。那一刻，我获得了真正的自由。

我接受了那份工作。遇到困难时，我向他人寻求帮助。以前的我太愤怒，太痛苦，做不到这些。这一年对我来说很重要。

多年后，在一堂阿育吠陀医学课上，我为这一经历找到了理论基础。阿育吠陀认为能量不同于能量模式或能量形式，人的生命能量会在特定时刻流过能量容器，从而塑造能量的形状。能量形式可以是愤怒、悲伤、喜悦或失望，但能量本身是"气"，也就是生命力。在汉语中，"生气"一词的字面意思是"产生'气'"，或者说增加生命力。

现在，我有时还是会生气，但只是普通的生气，这种生气远不及那些年一直陪伴着我的愤怒。那种愤怒其实帮了我，它捍卫我的完整性，拒绝疾病给我带来的局限性。然而，要我接纳我的生命，我还需要其他的东西。

第二章

评　判

Judgment

相比疾病，我们的生命更容易因为评判而遭到削弱。自我评判或来自他人的评判都能扼杀我们的生命力，压制生命力的自发性和自然表达。不幸的是，评判太常见了，我们很难找到一个像爱自己一样爱别人的人，甚至很少人会爱自己的全部。

评判的形式不仅包括批评，也包括认可。当我们认可他人的时候，其实就跟批评他们一样，都是在对他们进行评判。积极的评判不像批评那么伤人，但它依旧是评判，伤人的方式会微妙得多。寻求他人的认可就意味着没有休息的地方，也没有庇护所。认可会鼓励你为此不断努力，就像评判一样。它让我们不确定自己是谁，不确定自己的真正价值。无论是自我认可，还是别人给的认可，都是这样的。而认可是不可靠的。无论过往成绩如何，我们都可能失去认可。它就像棉花糖一样，好看却没什么营养，然而许多人一生都在追求认可。

有些人花大量时间琢磨自己的言行给别人留下的印象，审视自己的表现给他人带来的影响，总是为了得到认可而表现。还有一些人心口不一，总是说一些取悦别人的话，投入大量的精力去修改自己要说的话。最终，我们甚至可能开始欣赏别人欣赏的东西，期待别人期待的东西，重视别人重视的东西。我们改变了自己，只为了让对我们重要的人都能爱我们。有时，我们会忘记真实的自我，变得不再完整。

我们会因为各种原因变得不再完整，其中最大的原因之一是我们对如何成为好人的理解。有时候，不是别人的认可，而是心灵教育的认可决定了我们保留哪些部分的自我，隐藏哪些部分的自我。而那个自然状态的自我，那个各种相悖特征交汇的复杂生命体，为了迎合某种社会和心灵上的认可标准，逐渐变得不再完整。很少人能爱真实的自己，我们甚至可能为完整的自己而感到羞愧。

那些因为羞愧而被我们终生隐藏的部分往往是治愈我们的源泉。每个人都曾被教导说自己的某些行为方式不符合社会或家庭的共识和价值观。每种文化、每个家庭都有自己的影子。当有人教育我们“男儿有泪不轻弹”或“女性要顺从”时，我们学会通过否认内心的感受和观点来避免评判，让自己变得不再完整。只有人类才会牺牲完整性以换取别人的认可。然而，这些被否认的部分并没有丢失，它们只是被遗忘了。我们可以随时找回完整的自己，隐藏它们恰恰保证了它们的安全。

植物有着最令人惊叹的生命力。当环境恶劣，没有足够的条件让其盛开时，某些植物就会变成孢子。为了生存，这些植物会抑制并隐藏自己的生命力。这一策略颇为有效。那些在干尸中发现的数千年前的孢子，一旦有机会得到滋养就能生长为植物。

孩子也一样。无人关心时，孩子们就会变成“孢子”。如果孩子们身处一个对个人独特性并不友好的环境，有人对他们进行评判，通过认可来重塑他们，而不是允许和支持他们自然地成长为自己，孩子们就会把自己不被爱的部分隐藏起来。人们可能会在小的时候成为“孢子”，并在一生的大部分时间里保持这种状态。但这只是一种生存策略，并非生活方式。“孢子”不会长大，只是在隐忍。生存之道有别于生活方式。

植物孢子是机会主义者，它们的生命一边默默等待一边察看环境，寻找盛开的机会。但人们可能会忘记，成为“孢子”只是权宜之计。很少有人会像植物孢子那样检查环境，看看是不是发生了变化，他们不会去寻找盛开的机会，以此来找回完整的自己。即便父母、老师早已离去，他们的世界也随之而去，很多人还是会继续隐藏父母、老师不接纳的那部分自我。在我的童年世界里，男孩都不能哭，哭了就是娘娘腔，而女孩就要表现得柔弱。我们如今生活的世界能提供给我们更多的表达机会，但我们可能还把它看作是童年时候的那个敌对世界，以同样的方式生活在其中。最悲哀的是，我们可能已经忘了完整的自我是什么样子：男孩不再记得感性和哭泣的感觉；女孩不再记得积极主动、观点鲜明的感觉。

找回自我通常意味着承认并接受内心的两面性，我们可以既害怕又勇敢，既慷慨又自私，既脆弱又强大。这些特征并不会相互抵消，而是给我们全面的力量和对生命的回应。生命和我们一样复杂。有时脆弱也是一种力量，恐惧让我们更勇敢，创伤则让我们更完整。这不是一个非此即彼的世界，而是一个真实的世界。如果给自己贴上“正面”或“反面”的标签，就永远无法认识生命的真谛。

随着时间的推移，曾经的评判会被推翻。长大的好处之一是，那些曾经被我看作缺点的特征，长期来看成了我的优点；而那些我一直引以为傲的特征，最终却成了我的缺点。多年来我对别人隐藏的那部分自我成了我人到中年的支柱和财富。能够成熟到不再进行自我评判，从失败中收获，这是多么幸运的事。

想做正确的事

我第一次见到乔治的时候，他还是伯克利的一名大四学生，那一年他父亲诊断出了前列腺癌。现在乔治已经快研究生毕业了，他遇到一些问题，无法与他人倾诉，于是又来找我咨询。乔治的父亲生病期间，室友迈克尔就是乔治最大的支柱。而现在迈克尔遇到了麻烦，他与一群服用可卡因的朋友寻欢作乐。乔治觉得迈克尔成了瘾君子，想尽一切办法与他沟通，但都没有得到回应。迈克尔的才华掩盖了他的坏习惯，他在学校的表现依然很好，所以除了乔治，没有人知道他的问题。

乔治是一名虔诚的佛教徒。按他的理解，佛教教义的核心是不去评判和干涉，但这对乔治来说很难做到。乔治的家里人向来都是相互批评，相互指点对方的生活的。随着迈克尔的个人行为变得越来越不稳定，乔治也越来越难持一名佛教徒应有的立场（不去评判和干涉迈克尔），他不知道该怎么办，所以想来把事情理清楚。

一天晚上，乔治带了一位年轻女孩回家，乔治十分在意她的想法。

就在这天晚上，乔治和迈克尔的关系陷入了危机。一打开门，乔治就被吓傻了，他发现迈克尔光着上半身，神志不清地瘫倒在客厅地板上，吐了一身。

“我看到莉兹的表情，当下就失去了理智。”乔治沮丧地说，“我拽起迈克尔把他推进了浴室，打开花洒用水冲他。我还记得我就站在那里，冷水倾泻在我们身上，我把他推到墙上朝他大吼。我骂了他，把几个月来挣扎着不去想，不去感受的内心活动全部吼了出来。然后我给他下了最后通牒——要么远离可卡因，要么滚蛋。看着他自暴自弃实在让人难受，我不会再纵容他了。看着他似乎清醒了一些，我换下湿衣服去了莉兹家。”

第二天一早，乔治十分懊恼、沮丧。他修行了10年，遇到事情时的反应却和自己的父亲一模一样。他没能按自我设定的标准去同情他人。他对迈克尔太严厉了，也对自己感到失望。他不敢回公寓去，怕迈克尔已经被他骂走了。

但迈克尔还在。面色苍白的他显然很不舒服，但他笔直地坐在沙发上等着乔治回来。交谈之中，乔治得知了一些他不曾知道的事情。迈克尔是独生子，家庭富裕且显赫，由保姆抚养长大，7岁就被送去读寄宿学校，暑假就会被送到夏令营。家里人对他有求必应却从不花时间和心思在他身上。从未有人像乔治前一晚那样关心他的所作所为。

那晚，在花洒下，迈克尔明白自己的生命对乔治来说很重要，他的所作所为给乔治带来了痛苦。他平静地告诉乔治，早在几个月前，他就意识到了自己的处境，但他觉得没有人会帮他，没有人愿意花时间帮他。他问乔治："你愿意帮我吗，乔治？"然后哭了起来。

这是几年前发生的事了，故事的结局很圆满。后来乔治每晚都陪迈克尔去参加一个戒毒项目，坚持了一年。整个过程非常艰难，但有乔治的帮助，迈克尔成功戒毒了。他现在是一位赫赫有名的商人，有爱他的妻子和年幼的孩子。回忆起这段时光，乔治觉得自己学到了很多。

"我总是努力想做正确的事。不论是修行还是在商学院学习，我都在努力完善自我，完善自己对事情的反应和感受，以达到某个卓越标准。不知怎么，我从未想过真实的自己就挺好的。如果上天想让迈克尔与佛住在一起，他就会让佛成为迈克尔的室友。可上天却让我成为迈克尔的室友，一个来自中西部中产阶级传统家庭，父母甚至都没喝醉过的男孩。当我最终表现出完整的自我时，这恰恰就是迈克尔需要的。最后我只需要向迈克尔展示完整的自我，这就够了。"

遇见“正确”先生

很久以前在加拿大旅行的时候，我参观了一个历史悠久的墓园，看到一块墓碑上刻着：“乔治·布朗长眠于此，身为男子，逝世时是一名胃肠病学家。”那时我应该十二三岁，这一墓志铭让我深受鼓舞。因为医学知识在我家备受推崇，我认为有着这样的墓志铭很了不起。而现在的我不再像以前那样被专业能力所鼓舞。也许衡量一个人一生的价值更多的是看他的善良而不是能力。

曾经有一位心理学家找我咨询，她也是一位运动健将，每天早上上班前都会在家附近的公园跑步。她常常在公园遇到一位同事，一位著名的精神病学家。多年来，他们不约而同地几乎在同一时间在公园里一起跑步。后来这位心理学家被诊断出癌症，然后她那位跑友不知为何就再也没出现在公园。她是一位坚强、果决的女性，尽管经历了艰难的手术和化疗，她仍然坚持每天跑步。独自跑了几个月后，她打电话到那位精神病学家的办公室，但他从未回过电话。

化疗结束大约一年后，一天早上她跑了另一条路线，看到那位精神病学家就跑在前面。她比他年轻20岁，轻而易举就超过了他。当他们并排跑着的时候，她告诉这位曾经的跑友说他不回电话让她觉得很受伤。他们那个职业圈子很小，几乎所有人都知道她得了癌症。他肯定也听说了。这位精神病学家的回答使她大为震惊。他说："对不起，我只是不知道说什么是正确的。"

我问她当时原本想听到什么样的回答。她苦笑着说："比如说'我听说那一年你很不容易啊，现在恢复得怎么样了？'就这么简单的有人情味的话。"

回归初心

几年前，在美国女性医学协会举办的一次地方性会议上，我应邀向一群女性医生讲述我的癌症患者治疗工作。演讲结束后的讨论环节中，一位内科医生说她觉得这项工作很难。她一直避免照顾癌症患者，因为有一些患者一定会死去，而她觉得照顾垂死的病人会让人很难受。她坦言道："我讨厌这种找不到其他治疗方法，无能为力的感觉。"人群中的其他人也点头表示赞同。

我询问大家面对这种情况第一次感到难受是什么时候，她们惊讶地发现，在学医之前她们并没有这么难受。随着讨论的深入，大家发现在这种情况下，以医生的身份去面对会比以女性身份去面对更加难受。作为女性，我们知道只要简单、自然地陪在病人身边就好。大家逐渐领悟到，女性在这种时刻总是会陪伴左右，无论是在死亡、出生还是在生命中许多其他转变的时刻。女性会在这些转变的时刻聚集在需要的人身边，提供安慰、陪伴、见证，以纪念这重要的时刻。

其中一位医生说到她19岁时曾照顾垂死的母亲。那时她对自己的期望不像现在这么高。起初她就是开车送母亲去看诊，买食物，跑跑腿。随着母亲越来越虚弱，她开始给母亲做好吃的，打扫房子。母亲后来无法进食了，她就一连几个小时听母亲说话，给母亲念书。再后来母亲陷入昏迷，她就给她换床单，给她洗澡，用乳液给她擦后背。似乎总有更多的事情要做，她以这种方式表达关心。这种关心的方式变得越来越简单。她说："最后，我只是抱着她唱歌。"

大家沉默良久，若有所思。然后，其中一位年长的女性说她也会逃避面对治疗方式用尽的情况，因为这会让她感到很无力。但她现在意识到，即使在医学上做不了什么了，她还可以说或做一些同样很重要的、充满善意的事。她可以用这种方式提供帮助，只是她忘记了。说这话的时候她的声音微微颤抖。

我更仔细地端详着她，想不到这位坚强能干的60岁外科医生竟已热泪盈眶。

超越完美

完整人生超越完美人生。完美仅仅是一个概念，却成了大多数专家和普通人追求的人生目标。追求完美其实很不利于健康，完美主义是A型人格的生活方式，而A型人格的人很容易得心脏病。完美主义会让你和身边的人心力交瘁。

对于完美主义者来说，生活就像以前报纸上刊登的小图片，旁边写着“这张图有什么问题”。仔细观察图片，你会发现桌子少了一条腿或者房子没有门。我还记得小时候找到图片里的问题时那种恍然大悟的感觉。但现在我不明白为什么有人在找到缺失的、错误的、“破碎的”部分时会有一种满足感。

追求完美已经成为我们这个时代的一大癖好。幸运的是完美主义是后天习得的，没有人生来就是完美主义者，所以它是可以治愈的。我就是一个正在康复的完美主义者。在我开始康复之前，总觉得自己和其他人有很多不足，我们不够优秀，我们所做的永远不够好。我对生活本身进行评判。完美主义的信条就是生命是不完整的。

有时候，完美主义者的父母也是完美主义者，他们会根据表现和成绩来评判孩子。孩子们很小就知道，他们被爱是因为他们做了什么，而不仅仅因为自己是父母的孩子。对于一个完美主义的父母来说，你所做的似乎永远都不够好，还需要更努力。这样的孩子永远都在努力赢得爱。然而爱是不能被赢得的。爱是我们对彼此的恩典。其实我们想要赢得的仅仅是认可。

完美主义者大多都无法区分爱和认可。如今的文化中完美主义太普遍了，以致我们要发明另一个词来表达爱，即“无条件的爱”。但其实所有的爱都是无条件的，有条件的叫作“认可”。

追求完美是每一项专业培训的内在要求。但早在我上医学院之前，父亲就将我训练成了完美主义者。小时候，当我考试得了98分时，他的反应总是：“其他2分怎么丢的？”

我很崇拜父亲，所以整个童年都在努力追求满分。到二十几岁的时候，我已经成了和父亲一样的完美主义者。他没有必要再问我另外两分怎么丢的了，我自己就会问。直到很多年后，我才意识到那些分数一点也不重要。那些分数不会让生命更值得被铭记，也不会让你被爱或变得完整。

我们一生中会遇到很多老师，获得很多教导。我的老师之一就是大卫，他是一个艺术家，也是我的初恋。我与他的相恋有力证明了“异性相吸”。在我们恋爱期间，我要更换驾驶执照，需要参加交通法规笔试。

美国车辆管理局发了一本小册子，我学习了好几天。在背诵白色路缘和黄色路缘的含义期间，大卫一直劝我和他去散步、聚会、吃饭、跳舞，或者只是聊聊天。我告诉他我没有时间。理所当然地，我考试拿了满分。我得意洋洋地冲进他的工作室，大喊我的驾驶考试得了满分。大卫正在画画，他抬起头来，一脸温柔地说："亲爱的，你为什么这么想拿满分？"

他的反应出乎我的意料。我突然明白自己牺牲了很多只为拿到这个满分，而我只需要及格就可以开车了。我花了好几天的时间来学习，而我本可以更好地利用这段时间。我学到了很多我甚至根本不想知道的知识。而我做这一切似乎是身不由己。父亲对于我得不到满分一直不满意，我自己也不允许自己拿不到满分，即便只是一个驾照笔试。我就像大多数瘾君子一样无法控制自己。

我这么努力显然不是为了能开车，甚至不是为了得满分，只是为了被爱。幸运的是，大卫没有遵守这些规则，他甚至不知道有这种规则。

平凡的英雄

我的舅舅是个英雄。和母亲家里的所有男人一样，舅舅当了医生，一名全科医生，后来成为一名病理学家。在第二次世界大战期间，他参加了一场战争，并因此得了枚勋章。

事情是这样的：舅舅当时是随队军医之一。军队收到假情报，士兵以为前方的山脊已无敌军火力，一路向前推进。失去地形掩护后，埋伏的敌军开火了，瞬间战场上就布满了受伤和垂死的士兵。敌人继续用实弹火力覆盖该地区，大家甚至都无法站立。直到12个多小时后，空中增援部队赶到，这才削弱了敌军阵地。在交战期间，我舅舅背着物资匍匐前进，给受伤的士兵上止血带止血，有时在一些破旧照片背面记录士兵的留言并举行临终仪式。当援军赶来，敌人被击退时，他已挽救了几十条生命。

在这次战斗中的英勇表现让他得到了勋章，他的照片刊登在我们家乡的报纸《纽约每日镜报》头版。那时我大约7岁，家里出了个英雄，我立刻成了学校里整个二年级谈论的话题。最棒的是，他要休假来看望我们了，我兴奋得忘乎所以。

但其实我暗地里很惊讶。舅舅个子矮矮的，秃顶，还戴着眼镜，还有小肚腩。我想也许他和以前不一样了吧。但他还是和以前一样。他一直很害羞，当一个又一个邻居过来和他握手时，他似乎对这种嘈杂感到心神不宁。终于轮到我的时候，我爬到他的腿上，告诉他我觉得他好勇敢，他一定什么都不怕。他笑着告诉我，并不是这样的，他当时感到前所未有的恐惧。听了这话，我失望地脱口而出："那他们为什么要给你勋章？"

他温柔地告诉我，面对战争，只有傻子才不会害怕，而军队是不会因为一个人傻而授予他勋章的。勇敢不代表不害怕，而是即使害怕也要去做。

这是我人生中第一次接受关于勇气的教诲，对我来说意义重大。当时的我很怕黑，这种害怕让我羞愧。但如果我的英雄舅舅也害怕，那么也许我也并不太糟。恐惧阻挡了我，让我感到羞耻，伤害了我的自我意识。舅舅向我坦白他的恐惧，让我得到了解脱。他的英勇精神既是他的故事，也成了我的故事的一部分。

医生不会哭

医学实践常常让人经历失去和失望。医生每周都会经历很多失望，小到实验室测试显示药物无效，大到患者死亡。任何有爱心的人都会觉得这些难以承受。即使如此常见，很多人还是拒绝接受失去，不愿为之悲伤。

我目前在当地的医学院给一年级和二年级学生授课。在晚间讨论课上，全班一起探讨对失去的态度，揭示家庭环境如何影响大家对失去的看法，确定自己有哪些应对失去的习惯性策略，讲述我们会用什么样的方式来代替悲伤。这种讨论丰富而感人，学生能以各种方式了解自己和彼此。

一次晚间讨论课结束时，一位女学生站了起来，说精神病学系已经为她们班做过两次关于悲伤的讲座。我并不知道这个情况，所以道歉说早知道这样今晚应该选其他讨论话题的。她却说："不不，它们不太一样。那些讲座给我们讲解悲伤理论，教我们如何识别患者是否在为失去而悲伤，并告诉我们要尊重他们的悲伤。但没有讲到我们的悲伤。”

期待我们每天都沉浸在痛苦和失去之中却不被触动，就好像期待我们在水中行走却不弄湿自己一样，都是不现实的。否认这一点意义重大。我们应对失去的方式塑造了我们面对生活的能力，而我们保护自己免遭失去的方式可能就是我们与生命保持距离的方式。

面对失去时，一味地保护自己，不让自己悲伤，也不治愈自己，这是导致倦怠的主要原因之一。我治疗过的拥有职业倦怠的专业人士中，很少有人说他们的倦怠。我想他们自己都没意识到这一点。他们只是告诉我：“我好像哪里不太对劲，变得漠不关心了。再糟糕的事发生在我眼前我都无动于衷。”

然而，真正漠不关心的人甚至不会感到倦怠。精神病人就不会感到倦怠，暴君和独裁者也不会感到倦怠。只有还关心别人的人才会产生这种麻木的感觉。我们倦怠并不是因为我们漠不关心，而是因为我们不悲伤。我们倦怠是因为我们的内心被失去填满了，没有空间再去关心别人。

有关倦怠的文献讨论了治愈倦怠的要素：休息、锻炼、游玩、释放不切实际的期望。根据我的经验，只有当人们学会如何悲伤时，才能开始真正治愈倦怠。悲伤是一种自我照顾，是专业主义的解药。遗憾的是，专业的医疗人员不会哭。

我在儿科实习的第二天，面对过一对年轻的父母，他们在车祸中毫发无伤，但唯一的孩子却在车祸中丧命，我和一名高级住院医师一起去通知他们这一噩耗。我当时对当医生并不熟练，看到他们哭，我也哭了起来。那位高级住院医师后来把我叫到一边，说我表现得很不专业。他说："家属是要从我们这里获取力量的。"我让他们失望了。我将他的批评铭记于心。到我自己成为高级住院医师的时候，我已经很多年没有哭过了。

有一年，一个两岁的孩子因为一时无人照料淹死在了浴缸里。我们拼尽全力抢救了一个小时却无力回天。我带着实习生一起去通知父母我们没能救活他们的孩子。这对父母难以承受这一噩耗，开始抽泣。过了一会儿，孩子的父亲看着身穿白色医疗工作服的我沉默且坚强地站在那里，旁边是强忍着不哭泣的实习生。他说："对不起，医生，我马上控制住自己。"我还记得这个男人，一位泪流满面的父亲，想起他的道歉我就感到羞愧。那时的我确信悲伤是无用的，那只是放纵自己浪费时间，而家属甚至要为自己感到痛苦而向我道歉。

我记得有一段时间在纽约纪念斯隆-凯特琳癌症中心的儿科科室轮调。在那期间，科室里几乎每天都有一个孩子死去。每天早上的查房从解剖室开始，我们在那里和病理学家确认前一天或夜里死亡的孩子。我每天早上离开解剖室回到孩子的病房时都会对自己说："好的，继续。"

这种医学训练培养出来的普遍态度，恰好也是我在家庭中学到的面对失去的态度。有一天下午，我那只10周大的小猫被车撞死了，母亲带我去宠物店又买了一只。就这样，我从小就被教导，如果发生了痛苦的事情，最好的办法就是不要去想它，用其他事情来转移注意力。可惜，在医学领域，"别的事情"往往代表另一场悲剧。

我想说的是，医生的悲伤对患者并没有帮助，但是对自己有帮助。它能让你经历失去后继续前进。它能治愈你，让你还能感受到爱。对自己说“继续”否定了普通人性，它断言我们可以面对死亡而不为所动。这是对人的完整性的否定，对基本的人情关系的否定。大声说出“继续”根本没有意义。

戴口罩的人是谁

附近一所医学院有两位受人尊敬的外科医生曾同时来找我咨询。他们来咨询的原因也一样，都是感到孤独、抑郁和倦怠。两人都不知道对方也在我这里咨询。

久而久之，他们将无法向患者展示或向其他医生倾诉的内心的担忧都讲给我听。当手术情况不好或患者死亡时，他们会分享自己的感受。他们和我一样都受过训练，认为这种行为不专业，甚至是缺少男子气概的。这些情绪让他们感到孤独，无法融入其他医生。

在我的办公室里，他们觉得很安全，也会允许自己自由地谈论那些没有证据的事情。是不是有一些神秘的，不那么科学的原因让一些医生比其他医生的手术更成功？是否有什么未知因素能帮人延续生命？他们会认真地考虑生存的意愿，给认为自己会死的病人做手术时，他们会感到担忧。他们和我分享病人的故事，对于经历了可怕的失去后仍能康复或学会好好生活，他们感到十分惊叹。

这俩人已经是20多年的职业搭档，他们有共同的接待员和护士团队，在同一间办公室，但彼此不熟。他们都找我咨询，但出于职业道德，我不能告诉他们对方在我这里，甚至不能说他们都是我的病人。我会鼓励他们向对方倾诉，但得到的答复总是："告诉他？老天啊，他只会笑话我的。"

与癌症患者的感觉相似，医生们也经常因为自身经历而感到与他人隔绝。他们因受职业规范约束而彼此隔绝。在我主持的医师培训研讨会上，医生们的孤独感以各种方式表现出来。在其中一次会议上，一位胃肠病学家谈到了一名患者的意外死亡。尽管已经是多年前的事，但他依然感受到强烈的痛苦，在众多医生面前开始哭泣，其他医生也深受触动。事后他告诉我们，他以前从来没有为此哭泣过，现在感觉好多了。其中一位医生问他为什么以前没有哭。他说他觉得只有医生才能理解他，但是，"谁又会在另一位医生面前哭泣呢"？我们立刻就明白了。

在这些研讨会上，孤独感也经常以象征的形式出现。当我要求大家为自己的医生角色制作沙盘时，肿瘤外科医生乔恩在沙盘中制作了以下图案：他在离自己最远的地方放上张着血盆大口的鲨鱼，在二者中间放置了一组围成一圈的小泥人。这群泥人中，一个男人绝望地俯身；一个只有一边乳房的女人，跪在地上，张开双臂祈祷；另一个女人试图用手捂住身体上的大洞，那里本应有颗心脏；还有一个男人伸出双臂躲避一些看不见的障碍。在这些雕像的中心，他放了一点燃烧的香，说它的烟雾代表这些受伤者因为有彼此，所以正在得到治愈。

他在离自己最近的地方放了一个克奇那人偶（Kachina Doll）[1]，按照美洲原住民的传统，这是一种代表某方面精神疗愈的雕刻。有趣的是，之后又有不同研讨小组的几位医生选择了克奇那人偶来代表自己。数百名癌症患者也曾使用这些沙盘物品，他们也用了克奇那人偶，但是是用它来表示治愈。医生们选择这一特定沙盘形象尤其重要，因为它代表破碎。

乔恩在克奇那人偶和那一圈泥人之间放了一个纸质外科口罩，让泥人看不到人偶，人偶也只能从口罩后面毫无阻碍地看到鲨鱼。我想他是不是故意如此形象地向我们展示他的职业立场。与癌症战斗时，他那受伤的自我是孤独的，病人看不到他，只看到他的外科口罩，而他唯一能看清楚的是疾病。这是一个令人心酸的沙盘。

我让他解释这一沙盘图案的含义时，他指着鲨鱼说：“这是威胁，而这些泥人是受伤的人，我的病人，他们中间是治愈的地方。我在这里，外科口罩后面的我也受伤了，我失去了左耳。我隐藏在技能和知识的背后。只有鲨鱼能看到我；它知道我在这里。”我让他用一个词总结沙盘的内容，他说：“独自一人。”

在这个练习结束时，大家可以随意更改自己制作的沙盘。乔恩将受伤的克奇那人偶从外科口罩后面拿出来，放在其他受伤泥人围成的圆圈中。他双眼泛红但没有哭泣。

① 克奇那神是北美霍皮族印地安人所崇拜的神以及精神领袖，相传也是他们的祖先，每每在丰收、狩猎、庆祝等时节，就会有族人穿上克奇那神的装扮，请全族的人一起来唱歌跳舞庆祝。克奇那人偶是以克奇那神为原型的精美小型木偶。

其他医生在一旁看着，乔恩对沙盘活动的贡献显然影响了他们，结束之后他们又讨论了几个小时。其他人也感到孤独，但他们以前都无法与他人谈论这种感受。

亲吻伤口

我们从小就被教导，痛苦是“不好的东西”，常常对痛苦做出反应是一件很没礼貌的事。而在其他文化中，痛苦和失去并不会让人感到孤独，但独自面对失去会让人变得更加脆弱，并造成不必要的痛苦。

一位新客户在失约一次之后来了，她告诉我在一周前那个约好的咨询时间她进了急诊室。我不知道有这回事，就问她发生了什么。她说多年前癌症放射治疗引起了肠粘连，上周她出现了暂时性肠梗阻。当时特别疼，疼了一整天，现在没事了。刚开始疼，她就意识到有点严重，于是把化妆品、睡衣和一本正在阅读的推理小说装进一个小包里，驱车去了25英里外的医院。

我自己也有过几次肠梗阻，知道有多疼，就问她当时那么疼怎么还能开车。她告诉我不疼的时候她就开车，疼的时候就把车停在路边，等待这阵疼痛过去。她还带了一个盆和一条毛巾，在车上吐了一两次。虽然病情严重，但她还是到了医院，只是路上花了很长时间。我感到很惊讶，问她为什么不求助于朋友。她说那会儿是中午，大家都在工作。

第二天她也独自待在急诊室。我问她为什么还是不给朋友打电话。“我为什么要打电话给别人？”她却生气地说，“他们又不懂肠梗阻是怎么回事。”

“那你为什么不打给我？”

她说：“你也不是这个领域的医生啊。”

我说：“杰西，小孩子都会在摔倒后本能地跑向别人。”她十分激动地说：“是啊，我就始终不明白，这不是很傻吗，亲吻伤口又不会缓解疼痛。”我有点震惊，我说：“杰西，这么做确实不能缓解疼痛，但能让人觉得没那么孤独。”

很多人都像杰西一样对待疼痛。杰西疼痛时，她觉得另一个人能给她的唯一有价值的东西就是专业知识。她出生时母亲就已经去世了，所以她从来没有想过有什么能解决这种孤独。

曾经的我

我在儿科当实习医生的时候，会偷偷亲吻婴儿。这么做是非常不专业的，所以我很小心，以防被人发现。深夜，我会打着检查手术敷药或静脉注射的幌子，独自在病房里巡视，亲吻孩子们并说晚安。有的孩子有最喜欢的玩具或毯子，我会确保它们放在孩子身边。如果有孩子在哭，我甚至会唱歌哄他们。我从未向任何人提及我做的这些“医疗保健”。我觉得其他住院医师（大部分是男性）可能会因此而鄙视我。

一天晚上，我在走廊里与一位患儿的父亲交谈时，越过他的肩膀瞥到住院总医师斯坦俯身在一位白血病小女孩的婴儿床边，亲吻了她的额头。在那一刻，我意识到，其他医生可能也在努力隐藏自己表达出的超越职业精神的自然关怀。也许我们可以聊聊这些事情，甚至互相支持。

一天晚上，在等候一场剖腹产手术时，我向斯坦讲述了我看到的一切，并告诉他这对我来说意义重大。当时医生休息室里只有我们两个人，但斯坦还是否认了一切。

我们尴尬地结束了这个话题。那一年里，我们一起共事，待命36小时然后休息12小时。我们成了相互信赖的同事，好朋友，甚至偶尔一起喝酒，但我们再也没有提到那件事。

斯坦是出了名的正直。他绝对不会伪造实验室数据，也不会谎称他读过某篇文章。但他没有承认自己超越了职业形象和训练而对那个小女孩做出的发自内心的反应。他当时没有承认，现在更不可能承认。职业规范要求我们通过努力工作或阅读医学文献和了解最新治疗方法来帮助病人，像我们这样直接表达关爱违反了严格的职业规范。这是不专业的行为。我后来也不再偷偷亲吻孩子们了，似乎并不值得冒险。

某种意义上来说，医学培训就像一场疾病。我需要好多年才能完全康复。

治愈的礼物

公益癌症援助计划是北加利福尼亚州癌症患者的静修活动。该计划自1984年开展以来，已经举办了75次每次为期一周的静修活动。静修期间，每天早上都会举办讨论会，讨论会的一开始会先进行短暂的冥想。在早期的一次静修活动中，会场一片寂静，迪特尔是第一个发言的人。他用柔和而低沉的声音告诉我们，和其他癌症患者在一起对他来说是多么重要，他们能理解他。他沉默了一会儿，然后说到他的医生，一位肿瘤学家，已经给他做过一段时间的化疗了。

每周他都会去医生办公室打针。打完针以后，他会和医生坐在一起静静地聊一会儿，不长，大概15分钟。在他来参加公益静修活动前，这位医生就是他唯一可以坦诚交谈的对象，只有这位医生了解他经历的一切。

癌症改变了他的生活，他现在的生活与正常生活大相径庭，以致他常常感到孤独。很多人并不想了解他过得怎么样，或者完全无法感同身受。对于迪特尔遭受的病痛，一些人会感到很难过，所以迪特尔觉得自己有必要保持沉默，以保护他们。但他的医生理解他。每周他都有15分钟时间可以和这个愿意倾听，不需要他解释也不会对此感到害怕的人交谈。

其实早在患癌症之前，迪特尔的经历就不一般。他在东德出生并长大，曾穿过“无人之地”，离开了他熟悉并珍视的人。多年来他就是一个与世隔绝的、无家可归的难民。直到他遇到了美国女孩莉拉，她收留了迪特尔，用爱帮助他找到归属。但结婚不久，迪特尔就被诊断出患有肝癌。

迪特尔一直怀疑化疗对他没有帮助。后来确信了这一点，他就和医生交谈，提出停止治疗。他问医生他是否每周都能过来聊聊天。医生回复得很生硬：“如果你拒绝化疗，我就无能为力了。”

迪特尔感到自己被孤立了，被推开了。“当我说不再化疗时，医生就变成一副公事公办的样子。我们本来是朋友，但当我提出这一要求时，友谊就结束了。我一直以来都是和他交谈的，他的友谊对我来说意义重大。”因此，迪特尔继续每周去注射一次，只是为了保持与医生的那点短暂的联系，希望被理解。

这群癌症患者聚精会神地听着。沉默了一会儿，迪特尔又轻声说道：“医生的爱对我来说和化疗一样重要，但他没有意识到这一点。”

迪特尔说的话对我来说意义重大，因为我也没有意识到这一点。很长一段时间以来，我一直坚信，作为一名医生，我的爱并不重要，我所能提供的唯一有价值的东西就是知识和技能。医学培训让我偏离了事实。医学关乎科学，也关乎爱，在病人命悬一线的时候这种爱很重要。

但迪特尔的故事还有一点和我相关：他的肿瘤医生是我的一个病人。一周又一周，这位深受慢性抑郁症折磨的医生告诉我，没有人关心他，他不重要，他只是医院里的一名普通医生，妻子把他当还贷款的工具，儿子只管从他那里拿学费。只要还有人能去巡视或倒垃圾，就没有人会注意到他消失了。而正是迪特尔让这位医生知道自己的爱对病人来说很重要，他治愈了这位医生，但医生却因为无法治愈癌症而感觉自己很失败，无法接受现实。

论标签与敬畏

标签是生命的面具。

我们总是给生命贴上标签。“对”“错”“成功”“失败”“幸运”“不幸”，这会限制人们看到事物的全貌，就像“糖尿病”“癫痫”“躁郁症”甚至“伤残”的标签并不一定是对疾病的全面理解。标签会建立一种对生命的强烈期望，让人看不到事物的真实面目。这种期望会让我们对那些全新的、从未见过的事物产生错误的熟悉感。我们活在期待当中，而不是真正去经历生命。

因此有人提出这种观点：和疾病本身一样，你看待疾病的方式也会伤害你。信念可以让人得到解放，也可以困住人们。标签可以成为自我实现的预言。对伏都教死亡（Voodoo Death）①的研究表明，在一些情况下，信念确实可以杀死一个人。

我们也许不那么需要标签和专家。几年前，我参与了一个论文委

① 伏都教死亡是生理学家沃尔特·坎农发明的一个术语，指的是一个人对某件事如此恐惧，以致他在心理暗示和情绪冲击下死去。

员会，指导一位女学生的论文，她在中西部地区，研究课题是癌症的自发性复原。她在报纸上登广告，希望寻找一些经历了不寻常的治愈过程的人，其中有一位农民，医生判断他的病情很严重，但他恢复得很好。一天晚上，她在电话里告诉我关于这位农民的事。她觉得他的治疗结果与他的态度有关。“他没有接受它。”她说

我不太明白，问那位农民是不是不接受自己得了癌症。她说并不是，他没有否认自己得了癌症。只是面对医生的预断结果，他的态度和他对待政府土壤专家对他家土地的分析结果的态度一样。土壤专家受过良好的教育，这位农民很尊重他们。土壤专家给他看了检测结果，告诉他这片地里长不出玉米时，他也认真听着。他十分重视专家意见，但他告诉我的学生：“可是很多时候地里确实长出了玉米。”

根据我的经验，诊断只是一种观点，并不是预测。如果更多的人接受未知的存在，并以同样的方式去对待医学专家的话，会是什么样子？即便被诊断为癌症，究竟会发生什么还有待观察。

与诊断一样，标签也只是尝试控制和管理不确定性的一种方式。它可能会让我们在精神的舒适区中感到确定和安慰，让我们不再去思考。但生命永远没有确切的结局，它是一个过程，甚至是一个谜。只有找到了适应变化和未知事物的方法的人才能了解生命。生命的本质决定没有确切的答案，只有大胆冒险。

成为有用的人

在20世纪60年代和70年代初，还没有什么人卖心理学和灵性方面的书，有一个图书代理商负责出版了许多最具创新性的心理学和灵性思想家的作品，他似乎是一个只顾自身利益且无情的人。我认识他的时候正在研究精神领域，这一领域大多都强调要先改正自己的行为才能去服务普世目标。如果有精神导师面对这个图书代理商，一定会给他安排漫长的实践让他提升自己。但他通过文化传播着积极向上的思想，为世界做出了巨大的贡献。而许多精神导师会鼓励这种人把大部分时间花在冥想上，为服务做好准备。对此我感到无法理解。

多年来，我明白了一个道理，“改正自己的行为”可能远不如奉献自己的生命重要。它可能要用尽一切。一个善良的、传统意义上更具灵性的人可能终生都在叩门，而无情的人却能将门打开。只要不去评判，很多事情都可以变得神圣。

不知名的树林

在爱丽丝遇到那对双胞胎兄弟之前，她进入一个不知名的树林遇到了一只小鹿。爱丽丝和小鹿都不记得自己的名字了。但没关系，她们还是一起走了好长一段路，“爱丽丝用她的双臂亲切地抱住小鹿柔软的脖子”，直到树林的边缘。一到那里，小鹿突然记起了自己的名字，惊恐地看着爱丽丝。“我是只小鹿，”它大叫，“而你，天哪！你是个人类的孩子！”小鹿吓得转身就跑。

我小的时候经常在长岛的一个荒无人烟的海滩上独自度过夏天，收集贝壳，挖小蛤蜊，这种生活与我在其他季节里过的城市生活截然不同。日复一日，我观察着每一件事，渐渐能够敏锐地洞察到细微的变化。回到纽约的日子里，我从不直视任何我不认识的人，也从不与陌生人交谈。

那些夏天我非常平静，也有了一种新的能力，那就是即便没有人我也不会感觉孤独。那段时间给我留下了很多美好的回忆。每天早上，大海都会冲刷出新的珍宝——沉船上的木头碎片，光滑如丝绸的玻璃碎片，偶尔还会有水母。有一次我甚至发现了一副只剩下一个镜片的眼镜。这些记忆中最生动的画面是那些在头顶上不断飞翔的美丽的白色小鸟。我还记得当它们从我和太阳之间飞过时，它们的翅膀会变得透明，就像天使的翅膀。我还记得我的心如何追随它们，多么希望像它们一样有翅膀能够飞翔。

多年后，我又来到那片海滩上散步，却感到失望至极。海岸边到处都是海草和垃圾，到处都是尖叫的海鸥，盘旋在垃圾和海水偶尔带上来的死亡生物上。

我沮丧地开车回家，走到半路，才意识到那些海鸥就是我童年时看到的白色小鸟。海滩并没有变。只是在不知名的树林中，事物因为超越了标签和评判而变得神圣。

第三章

陷　阱

Traps

那些不爱自己本来面貌的人也不会爱生活的真实样子。大多数人偏爱某些生活经历而否定并排斥其他经历，他们不知道那些隐藏在看似普通的，甚至丑陋的东西中的价值。避免一切痛苦，不惜一切代价寻求舒适的同时，我们会失去亲密或同情；拒绝改变和冒险的同时，我们常常欺骗自己；否认苦难的同时，我们可能永远不会知道自己有多强大。甚至不知道自己得到的爱是可以信任的。

相比痛苦，我们更喜欢舒适；相比未知的事物，我们更喜欢熟悉的事物。这很自然，甚至是一种人的本能。但本能并不代表明智。生命带来的事物远远超出我们的偏好与偏见所允许拥有的。除了舒适，还有优雅、神秘和冒险。要想拥抱生命，我们可能需要放下对生命的信念与看法。

情感或精神上的不完整可能是一切痛苦的根源。痛苦会以一种矛盾的方式让人变得更完整，进而成为治愈这种痛苦的强大力量。

一位患有心脏病和慢性心绞痛的女性通过手术缓解了症状，但她向我讲述了手术的缺点。手术前，她经常遭受疾病带来的胸痛。多年来，她改变了饮食，学会了冥想，成功地控制了大部分疼痛。但还有一些疼痛是她无法控制的。她在注意这类疼痛时，十分震惊地发现，每当她要做或说一些缺乏诚信、不符合自己的价值观的事时，就会感到疼痛。通常都是一些小事，比如向丈夫隐瞒一些他不太想听的事，或者为了与他人相处而歪曲自己的价值观。这些时候，她把真实的自己隐藏起来了。更令人惊讶的是，有时她意识到了这件事，但有时还没意识到，她就感到了胸痛。在检查引发胸痛的原因时她才发现自己背叛了自己的完整性，这才意识到自己真正的想法。这使她更加了解自己了。而手术后，尽管她身体上更舒服了，却失去了这个“内心顾问”。

这其实不足为奇。众所周知，压力会影响我们身体结构中最薄弱的环节。压力会让糖尿病患者的血糖升高，让偏头痛患者的头更痛，加重胃溃疡患者的胃痛，让哮喘患者喘不上气，让关节炎患者感到疼痛。而这位女性的故事让我明白了一个新的道理：外界的时间压力和对失败的恐惧可以带来压力，价值观上的妥协同样会带来压力。

无法解释的疼痛有时会把人的注意力引向未知的事物，一些我们害怕知道、害怕感觉到的事物。它让我们坚持自己的完整性，引起我们的关注。这些事物可能是一种压抑的感受，也可能是未流露出来却很重要的自我。被我们否认的东西可能会阻挡我们，阻碍生命的创造性。为了避免疼痛，我们可能会游走在伤口边缘，甚至徘徊多年，直到鼓起勇气去面对。

如果一直回避我们否认的东西，就无法成就完整的自己或获得治愈的力量。正如书中所写的那样，匠人所弃的石头终究会成为建筑物的基石。

我们对自己的看法会将我们绑架。这些年，我开始尊重信念的力量。我惊讶地发现，信念不仅仅是一种想法，它似乎能改变我们实际体验自己和生活的方式。“没有人能看到这个世界的本来面目，我们看到的是我们自己。”信念就像一副太阳镜，带着信念看待生命时，我们以为自己看到的就是真实的。戴着太阳镜，生命看起来是绿色的。要想知道真实的生命究竟是怎样的，我们需要记住自己戴着眼镜，并将其摘下。认识到自己戴着眼镜的那一刻，就是生命中最伟大的时刻之一，此时自由触手可及。这是一个充满力量的时刻。有时因为抱有信念，我们可能从未见过自己或生命的本来面目。但不管怎样我们都能认识生命。生命力无须得到强化，只需要释放它，不让信念、态度、评判和羞耻感困住它。

远程疗愈

医生们都受过训练，认为只有保持科学的客观性，才能最有效地理解和解决他人带给他们的痛苦；只有保持心理上的距离，才能保护他们免受这项艰难工作的伤害。这项训练要求极高。但相比同情心和单纯的人性，客观性使人在情感上更脆弱。客观性将我们与我们周围和我们内心的生活分开。这样会让我们受伤，无法得到治愈。为了这来之不易的客观性，医生们付出了极大的个人代价。客观性是不完整的。站在客观的立场上，大家不能依靠自己的人类优势，不能哭泣或接受安慰，不能寻找意义或祈祷。而没有接触过生活的人，无法真正理解周围的生活。

现代医学之父之一威廉·奥斯勒爵士（Sir William Osler）说过，客观性是真正的医生的基本素质，这句话后来被广泛引用。但他的原话并非如此，而且远比这要深刻得多。原话是拉丁语，原话中的“aequanimatas”一词被翻译为“客观性”，但这个词的原意是“头脑的平静”或“内心的平静”。对于那些每天与苦难打交道的人，内心的平静无疑是最重要的精神资源。但这并不是通过远离周围的苦难来实现的。内心的平静更多地与观点培养、意义和智慧有关，即使生活用痛苦来触碰你。它更多的是一种精神品质，而非心理状态。

多年前，约瑟夫·坎贝尔（Joseph Campbell）[①]为医生举办了一场关于神圣体验的研讨会。演讲中，他向大家展示一张张有关神的图像，都是各个地方和时代的绘画、雕像、陶器、挂毯和彩色玻璃。我清楚地记得其中一个，那是来自苏黎世列登博物馆的“跳舞湿婆”，它很好地展示了湿婆神。湿婆是印度传统文化中对神的阳刚形象的称呼，虽然这些小铜像在印度很常见，但我们之前没怎么见过这种迷人的神像。这尊湿婆神在一圈青铜火焰中跳舞。他有很多只手，手上握着一些物品，象征丰富的精神生活。跳舞的神一只脚高高抬起，另一只脚踩在在一个小人赤裸的背上，小人伏在尘土中，全神贯注地看着两手间握着的一片叶子。

医生都是训练有素的观察员。尽管这位舞蹈之神非常优美，但所有人都把注意力集中在了那个小人和树叶上，我们向约瑟夫·坎贝尔询问那个小人在干什么。坎贝尔大笑着告诉我们，这个小人正沉迷于研究物质世界，以至于他甚至不知道真神正在他背上跳舞。我们每个人都有点像这个小人，大多数医生更是如此。回想那一幕，不知道当时坎贝尔怎么想。

生命是最好的老师，但通常要去经历才能学习到最深刻的内容，

① 美国研究比较神话学的作家。

而不是靠科学研究。一些经历过濒死状态的人谈到了一个共同的见解，能让我们瞥见生命的基本规划。人生一场，我们的目标只有一个：增长智慧，学会更好地去爱。不论输或赢，拥有或失去，成功或失败，这些都是实现目标的方式，而我们要做的就是全身心地参与。

因此，实现人生目标可能更多地取决于我们如何表现而不是我们面对着什么。佛学导师杰克·康菲尔德（Jack Kornfield）曾经讲述他在佛罗里达州与年迈的父母一起参加宾果游戏时学到的一个精神真理。比赛现场的墙上写着巨大的字，提醒参赛者：要想获胜，你首先要来参赛。

镜　像

杰斯是一位历史学教授，他有一个双胞胎兄弟，两人长得一模一样，即便已经35岁了，朋友还是难以将他们区分开来。小的时候，他们总是穿一样的衣服，只有父母能区分两兄弟。他的兄弟确诊恶性黑色素瘤后，杰斯知道自己肯定也会得这个病。两年后他果然也出现了病症，肿瘤的位置与杰米刚好相反，如同镜像。杰斯从一开始就相信发生在他兄弟身上的事也会发生在他身上。确诊的一年后，一天晚上他打电话给我。他说杰米的腹股沟处出现了一个肿块，癌症已经扩散了。他的声音微微颤抖。“我们要死了。”他说。

杰米的病情确实加重了，化疗后癌症复发，然后他接受了骨髓移植，结果癌症再次复发，他又继续化疗。整个过程中，杰斯为兄弟的病情感到痛苦，同时也胆战心惊地等待着自己的命运。

自从杰米确诊后，杰斯一直在努力强化自己的个人身份感，但随着杰米的病情加重，他又被原有的思维方式控制了。他完全不确定自己能不能在杰米去世后幸存下来。我已经用尽一切办法强调他们的差异。我告诉他："身体只是我们的一部分。"他和杰米是独立的人。他们或许有共同的生物学特征，但这不代表他们有共同的命运。杰斯十分清楚这些，但这并没有改变本质。他跟我说："心灵不能控制身体。我们在生理因素上是一样的，生理因素掌握着命运。发病只是早晚的问题。"

杰斯身上那些最早的、潜意识的记忆是谁也无法转移的。毕竟他和杰米从一开始就形影不离，在子宫里围绕着我们所有人的那种不可侵犯性，同时围绕着他们俩。这样深刻的结合究竟意味着什么？这种信念又会对身体产生怎样的影响？命运到底由生理因素掌控还是由信念掌控？我也不知道。

我开始希望出现某种迹象，比如一场梦或是某种预兆，杰斯是个见多识广、知识渊博的人，希望一些迹象能影响他的信念。

最后，这种迹象比我的预期来得要简单。一次咨询谈话中，杰斯讲述着自己作为双胞胎的经历，别人总是不能把他和杰米区分开来，他总是努力成为一个独特的个体。杰米一直拉近两人的距离，他则希望划清界限。现在他觉得自己的一切努力都是徒劳。当机缘巧合让你们成为同卵双胞胎时，你还能有什么指望呢？他无法逃脱。绝望之中，他转向椅子旁边的一个架子，上面放着病人送给我的各种小物件。他拿起一位病人留给我的两粒骰子，用力摇晃，然后把它们扔向地板。"就是这样的机缘巧合！"他痛苦地说。

骰子落在地毯上，两个完全相同的立方体，一个是"1"，另一个是"6"。我们沉默地看着它们。几个月来，杰斯第一次笑了。有时我们需要的只是一种可能性。

好　运

我们家只要发生什么不好的事情，父亲就会摇摇头说："我们家真倒霉。"他大方且公正地将这句话用于诸如失去停车位之类的事情，以及生活中更大的事情，例如他的破产和他唯一女儿的慢性病。在这个世界上，我父亲只相信人的力量，他总是觉得生活中会发生各种随机而危险的事，他为此不知所措。他一直不断提起我们的坏运气。多年来我也一直觉得我们一家人都很倒霉。

1971年，父亲买纽约州彩票中奖了。虽然不是什么大奖，但这是他这辈子单次获得的最大一笔钱了。对他来说这是意外收获。对我来说也是，但不是指这笔钱，而是接下来发生的事。

中彩票的时候，我父亲正因为切除良性肿瘤在住院。他把中奖的彩票贴在胸前，说不能相信任何人去兑现它，家人、朋友，甚至我的母亲都不能信赖。他觉得别人会把彩票据为己有，要不然就是彩票会被偷走，还有一种可能，把彩票交给兑奖的人以后他们不会如实记录。我们劝了他很长时间，他都不愿意把彩票拿出来。快到兑奖期限时，他让母亲和我发誓要保密，他说如果别人知道我们中奖，就会利用我们。最终，他亲自去兑了奖，但他从未花这笔钱，因为他担心别人知道他中过奖。

一种熟悉的焦虑渐渐萦绕着我们。然后我就得到了意外收获。我意识到霉运都是自己造成的。我父亲不可能成为这世上幸运的人，他甚至可以把中5万美元这件好事变成一种不幸，一种悲伤、焦虑和压力的来源。在那之前，我一直以为我们真的不走运。当我认识到这一点时，笼罩着我人生的灰暗自此消失了。彩票事件给我的启示让我今后的人生受益匪浅。

我还从父亲的人生中得到一些其他的意外收获，一些关于得失的教训。事实上，没有一个人不曾经历过失去。从出生那一刻开始我们就在学习失去。通常一个家庭是如何看待失去的，孩子也会如何看待失去，就像我一样。那些关于失去的教训和意义是人生最重要的收获之一，而很少有人会分享这种智慧，因为当人们失去时，常常感到羞愧。

我的父亲是移民的后代。他从小就开始打工，成年后大部分时间要打两份工。晚上下班后他常常坐在椅子上泡脚，泡着泡着就睡着了，累到说不出话。他一直在给别人打工，按照别人开出的条件，帮助别人达成目标。在我的记忆中，父亲最早教给我的道理就是要做自己的老板，要掌控自己的人生。

我们住在曼哈顿一栋公寓的6楼。童年时期，父亲总是会和我玩一个游戏，他会说总有一天他会有一套独栋房子，厨房里会装洗碗机，还有一个花园。我们会争论应该把客厅漆成浅绿色还是米色。我想漆成米色，但父亲觉得米色过于高档了。

大约在我20岁的时候，父母在长岛买了一个小房子，父亲也退休了。那段时间他的梦想似乎实现了。几个月后的一个星期日，我顺路去看望他们，发现他在椅子上筋疲力尽地睡着了。这是我童年时期熟悉的景象，而我本以为现在情况应该有所不同。母亲告诉我，父亲又打了些零工，这样才能赚钱保养房子，物品总是在损耗。

我第二次过去时，他又在椅子上睡着了。“你们享受现在的生活吗？”我问。母亲说：“你父亲啊，总是担心有人会破门而入将我们努力得来的一切打劫一空，所以他还在打工赚钱，想安装一套警报系统。”我的心一沉，问一套警报系统需要多少钱。母亲避而不答，只是说不久就可以装上了。几个月后，父亲看上去依然很疲惫。我有些担心，问他们打算什么时候去度个假。父亲摇摇头说：“今年不行了，家里离不了人啊。”我建议可以请个人照看，父亲面露惊恐，说：“不行，你要知道人都是什么样子的。即使是朋友，也不会像对待自己的物品那样去照看你的东西。”他们始终没有再去度假。

就这样，父母很少一起出门，甚至没有一起去看过电影，生怕家里会发生火灾或其他莫名的灾难。父亲就这么一直打零工，直到去世。事实证明，相比他之前的所有雇主，这栋房子对他的控制力要大得多。

如果太害怕失去，那么我们就会被拥有的东西所掌控。

恩 典

我有一位病人，是一名患有癌症的医生，有一次他兴高采烈地来进行咨询。他知道我喜欢听故事，说有一个很棒的故事要讲给我听，然后就给我讲了下面这个寓言故事：

湿婆和萨克蒂是印度传统文化中的神圣夫妻，他们在天上的住所守护着地球。他们被人类遇到的人生的挑战、人类的复杂反应，以及人类经历的无处不在的苦难所触动。萨克蒂看到一个可怜的人走在路上。那个人衣衫褴褛，鞋子都烂到要用绳子绑在一起。他的善良和挣扎感动了萨克蒂，萨克蒂心生同情。她转向丈夫湿婆，恳求赐予这个男人一些金子。湿婆打量了这个人好一会儿，然后对萨克蒂说：“亲爱的，不行啊。”萨克蒂一脸错愕，问道：“为什么？亲爱的，你是什么意思？你可是宇宙之神啊，这不是小事一桩吗？”

湿婆回答说：“我不能给他金子，因为他还没准备好。”萨克蒂听后有些生气：“直接丢一袋金子在路上，你做不到吗？”

湿婆说：“可以啊，但这是两回事。”

萨克蒂又恳求了一番："求你了，亲爱的！"

于是，湿婆扔了一袋金子在路上。

此时，这名男子一边走着一边在想："不知道今晚能不能找到吃的，还是又要挨饿了？"转过一个弯，他看到路上有什么东西挡住了去路。"啊哈，"他说，"瞧瞧，一块大石头。幸好我看到了，不然这双可怜的凉鞋要破得更厉害了。"他小心翼翼地跨过那袋金子，继续前行。

生命之神似乎会在我们的一生中扔下许多袋金子，只是它们看上去不像金子。听完，我问这位病人，那生命之神在你的人生路上扔下的金子你有认出来过吗？有把它用来丰富你的人生吗？他直白地说："癌症啊，我还以为你知道呢。"

障眼法

还记得那个只顾研究树叶却未意识到湿婆神正在他背上跳舞的小人吗？我有一次就像他那样。儿科培训期间的最后一年，我遇到一个12岁的再生障碍性贫血患者。一天早上，卡洛斯醒来，说自己感觉很累。第二天，他就不省人事了。当他被带到急诊室时，血红蛋白含量只有正常值的三分之一，说明他的骨髓突然莫名其妙地停止了红细胞的生成。当时，他这种情况几乎是致命的。

我们立即让他住院并开始给他输血，我则被分去负责这个漂亮的男孩。这个即将成年的孩子虽然病了，却十分讨人喜欢。他很会变魔术，用高超的技艺逗乐了我们和病房里的孩子们。他喜欢愚弄医生，当他从我们的耳后抽出黑桃纸牌，或者把25美分硬币变没时，看着我们困惑的表情，他会咯咯地笑。他有天马行空的幻想，我们怎么努力也比不过他。这孩子太招人喜欢了，我们都不敢想象他的死亡。

当时，一项治疗再生障碍性贫血的实验性方案刚刚出台几个月，让大家看到了启动骨髓再生功能的一线希望。这一治疗方案需要给病人注射大量睾丸素。我们尝试了一这治疗方案，卡洛斯变化很大。他变得毛发旺盛，皮肤粗糙，脸上长满了粉刺，声音也变得低沉沙哑。他不再爱笑，也不再变魔术，整日闷闷不乐，脾气暴躁。但为了挽救他的生命，我们还是继续治疗。

他出院后，我每周对他进行跟踪诊治。其他人都不想这样做。高级住院医生当时抽签决定谁来跟进他的病情，我输了。一周又一周，我几乎无法面对他，无法面对他母亲眼中的希望。但无论我去到哪里都牵挂着他，不断想到他经历的痛苦，为那个消失了的他而感到悲伤。我读了所有关于这种神秘疾病的文章，而所有文章都告诉我同一件事：预后无望。我心里知道，已经无力回天了，卡洛斯还是会死。

我们当时使用的血红蛋白检测方法的准确性有浮动范围，无论实验室测出的数字是多少，实际结果都存在正负0.2的差距。血红蛋白报告值为6g/dL就意味着患者的真实血红蛋白含量在5.8g/dL到6.2g/dL之间，也就是说真实血红蛋白含量可能是5.8g/dL，6.0g/dL或6.2g/dL。因此，为了进行比较，每个化验单都会写上最新的测试值和上一次测试的结果。只有增加0.2g/dL以上才能证明治疗起了作用，证明骨髓又开始造血了。我向卡洛斯和他的家人说明了这些情况。

卡洛斯的第一次临床血红蛋白检测值为6g/dL，和住院期间的结果一样，我看着卡洛斯母亲的眼睛，然后摇了摇头。过了一周，检测结果还是6g/dL，我又摇摇头。又过了一周，还是6g/dL。再过一周，结果是6.2g/dL。我告诉他们，这在测试方法的误差范围内，他们的希望破灭了。已经治疗6周了，时间一周周地过去，我也越来越确定，这种药不起作用，我们只是在拖延时间而已。又过了一周，卡洛斯的血红蛋白含量为6.4g/dL，而化验单上写着前一周的值是6.2g/dL。我又摇了摇头，再次感到心痛，对卡洛斯的母亲说："6.4，还是在测试的误差范围内。"

我已经坚信卡洛斯会死，也坚信我们对此无能为力，以至于我一次只能对比一个星期的数据。我那时只想逃跑。每周我会看看新的化验单，并参考前一周的结果，而每周的新结果都在测试方法的误差范围内。就这样，卡洛斯的血红蛋白已经上升到7.4g/dL，而我还没意识到发生了什么，依旧摇摇头告诉他母亲这个坏消息。就在那时，她身体前倾，轻轻地抚摸着我的手臂，告诉我："医生，我的孩子好多了，他在恢复。"卡洛斯确实在好转。由于我一直坚信他快死了，所以没能看到这一点。内心的预期很可能会蒙蔽我们的双眼。自那以后，对于任何事情，我都不会再那样坚信。

皇帝的新衣

正如地球上四季更替，人的一生也有四季，每个季节都有其独特的美感和力量，给我们带来各种礼物。我们应该庆祝并欣赏生命四季更迭的自然过程，但如果只关注春夏两季，生命就变成了一个逝去的过程。生命既不是线性的，也不是停滞的，它带着我们揭开一个又一个奥秘。一年少不了秋冬，死亡也是生命过程的一部分，它不是生命的对立面，而是一个完整的生命过程必经的组成部分。

然而我们常常否定死亡这个生命过程。科技的力量为人类揭示了世界的本质，死亡却是科学也无法触及的终极未知领域。可能有人会说：科学都无法解决的问题真的值得我们关注吗？然而，大多数赋予生命深度、意义和价值的东西，都是科学无法解释的。

1974年，我开始对与那些面对死亡的人一起工作感兴趣，打算像研究其他专业领域一样去研究死亡。我先是在图书馆里查找最新的文献，我去了一个大型医学院和医院的图书馆，那是全美国最大、最好的医学图书馆之一。我请一位图书管理员帮我寻找有关死亡的期刊。

她问我："你是指《癌症研究》和《肿瘤杂志》？还是《美国心脏病学杂志》？"相视一会儿之后，我告诉她："就是'死亡'。"

她有些困惑，低下头开始在"D"字母索引下寻找，最终告诉我一个在众多书架深处的位置。按照图书管理员的指引，我走下楼，经过一层又一层的医学期刊和图书，来到了正确的楼层。落地书架上堆满了学报期刊，我一排排搜寻，终于找到了关于死亡的部分，才一个书架，而且几乎是空的，只有5期老旧的《死亡学杂志》，两本有关牧师对死者亲友提供辅导的书，和一本宗教读物。

从最初的震惊中平复后，我觉得必须直面当代医学的阴影。当然，我一路上经过的那数十万份期刊和图书都是为了应对死亡的可能性。然而死亡本身被隐藏起来了，在这个代表医学技术现状的庞大的知识体系中，几乎没有属于"死亡"这一话题的任何空间。当时，美国每所医学院的每个图书馆都是如此，许多图书馆到现在依旧如此。

当我在医学书架上与"死亡"擦肩而过时，这一课题在我脑海中的地位和它在医学图书馆的地位差不多。可以说，医学图书馆大概是我的思想的外化。对大多数医生来说确实如此，只有当我疯狂地努力阻止死亡却无功而返时，我才会直面死亡。我还要尽快把死亡抛诸脑后，让我的大脑里存满无数关于疾病和治疗的知识，这就是我的本职工作。

担任锡安山医院（一所位于旧金山市中心的医院）儿科住院部主任时，我第一次不是因为救治失败而直面死亡。那是我第一次知道死亡可以是一个治愈的时刻，有时在人即将死去时，其他人可以直接感受到他们的完整性。

那天早上我去上班，听到从紧闭的办公室门内传来愤怒的声音。办公室里，几名护士和住院医生一反常态，怒气冲冲地争吵着，内容是关于一个白血病晚期的5岁男孩。听说一大早护士去叫醒他时，他说他今天要回家了。“帮我收拾行李。”他兴奋地指着衣帽间里的小行李箱说道。

护士吓了一跳。他身患重病，血小板和白细胞严重不足，任何小伤口都可能导致他流血不止而亡，是谁承诺可以让他回家的？她问了当时轮班和值前一班的其他护士，大家都表示没有跟小男孩这么说过。

护士们十分生气，就指责年轻的医生。而医生面对这种莫须有的指责也很愤怒，他们越吵越厉害，随后就转移到了我办公室。“他能不能坐救护车回家，只待一个小时？”他们都不想让男孩失望，所以这样问我。但这样太冒险了。“有人问过他，是谁告诉他可以回家的吗？”

显然没人问过。我突然觉得累了，但我说：“我去和他谈谈。”

我走进病房时，他脸朝着门坐在枕头上，在书上填色。我被他面容消瘦、脸色苍白的样子所震惊。他抬起头，我们四目相对。那一瞬间改变了我的想法。房间变得非常安静，阳光投射出淡黄色的光影。我真切地感受到自己的存在，仿佛超越了时空。我突然对这个小男孩感到无比愧疚。几个月以来我们对他进行各种治疗，给他带来疼痛，却仍然无法治好他，我还故意躲开他，为此我感到羞愧。就在我们四目相对的时候，他似乎理解了一切，也原谅了我。突然，我也能原谅自己，原谅自己治疗过、伤害过，以及无论多努力也没能救治眼前这个孩子和其他一些孩子。我得到了治愈。

他不再虚弱，我也不再疲惫，我们接纳了彼此。那一刻，我们是两个平等的人，完美地扮演着戏剧中各自的角色，他是一个小男孩，我是一个医生，而戏剧即将完结。这场戏没有明确的目的，也没有什么原谅与被原谅，只有深刻地接受与相互尊重，一切就发生在那一瞬。

然后他开口说话了。他开心地对我说："雷曼医生，我要回家了。"我当时已经说不出话来，似乎嘟囔了一句"真替你开心啊"，就退出了房间，关上了门。

我迷惑地回到办公室，那场经历令我深感震撼。大家纷纷问我："他怎么说？"我说我还没问。"我们为什么不先等等？看看会发生什么。"几个小时后，男孩说他有点累。他躺下，把床单盖在头上，就这么静静离开了。

大家很难接受他的死。他们很喜欢这个孩子，又照顾了他那么久。但也有很多人悄悄告诉我，这个孩子在发现回家只是某个人告诉他的谎言之前就离开了，他们是多么如释重负。

怀着开放的思维我们才能感知一切。我们看到的是我们的生活让我们准备好看到的东西。回家这件事对这个孩子的意义比医生和护士理解的要深刻得多。当时我也无法理解这段经历，所以我做了一件让我舒服的事情：我忘记了它。

大概在我去图书馆寻找与死亡有关的资料一年后，我开始做一些逼真的、令人不安的梦，梦到我站在多年前就已去世的儿科患者床前。就在临睡前，我还想不起那些孩子的名字，但在梦里，我知道他们的每一项化验数据，记得他们床头柜上的照片，他们心爱的毛绒玩偶的名字，甚至他们睡衣上的图案。很多我在当时都没有完全看清的东西会自动清晰地浮现在我眼前。我会再次听到那些完整的对话，逐字逐句地听到那些充满希望、恐惧、失落和爱的对话，还能从这些我从未想到过的人的脸上看到细微的表情变化。仿佛我把曾经拒绝面对的事情都保存在了一个地方。但最可怕的是，在每一场梦里，我都会感受到曾经拒绝感受的东西，悲伤、痛苦、无助和失落。然后我会不受控制地哭着醒来，有时甚至会哭几个小时。

我夜夜都做这种梦。经历了四五次之后，我打电话给一位精神科的医生朋友，倾诉了我的担忧和恐惧。我不敢去睡觉，我是不是疯了？“我不这样认为。”他说，并问我是否愿意继续做这种梦，看看它们究竟代表什么意思。我不确定自己是否能做到。“你可以每天早上打电话给我，告诉我你做了什么梦。”他提议。我照做了。

最终我做了二十几个这样的梦，但渐渐有了不同的感受。我开始意识到自己多么关心这些孩子，他们的生命是那么有意义，那么不可替代，我也开始思考他们的死亡是否也有意义。我终于开始感受到他们离去后留下的空虚，终于能够真正思考他们去了哪里。最终，那个曾经将死亡看作私人课题的我，终于不再把患者的死亡看成是个人的失败，而是将它看作一个普遍的谜题。我开始想起陈年旧事，想起童年的经历，想起还没有把死亡看作敌人的那段时光。我还想起了那个告诉我他要回家的小男孩。我内心深处多年来一直闭着眼睛逃避死亡，现在终于转过头来愿意去面对，去了解死亡。在我准备帮助那些身患重病、可能死亡的人时，这些梦远比我希望在图书馆里找到的专业知识更重要。

后知后觉

30年前，我还在纽约当医生的时候，去看了一场关于藏医的电影。那时鲜少有人了解这些，而且忙碌的医学培训让我的个人时间变得很宝贵，但因为邀请我的那个男人是我爱的人，所以我还是去了。那部电影让人久久无法忘怀，我花了30年时间才开始理解电影的内涵。

那是一部纪录片，讲述了一位年轻的藏族女医生经营的藏医诊所里一天内发生的事情。我的诊所在一座大楼的一层，而电影里的这个诊所坐落在高高的山坡上，要经过险峻陡峭的山路才能到达。这条山路上每隔4到6米就有一排转经筒，巨大的圆柱体上刻满了经文，人们经过时会敲击这些转经筒，让它们旋转起来，发出嗡嗡的声音，把祝福洒进寂静的清晨。

我记得电影的第一幕是日出。年轻的医生独自在诊所里，以祈祷开启新的一天，然后她在一个大碗里点燃一束火焰，象征诊所开始营业。而几乎在早上同一时间，我的一天也开始了，不同的是我在医院的自助餐厅里喝咖啡，吃甜面包卷，开些玩笑。看着看着，我感到一种特定的态度正在浮现，就像在看《国家地理》的纪录片一样。一个不可逾越的距离逐渐出现在我和这个医生之间。

接着，诊所的门被推开，人潮涌入，老人、伤者、年轻人、垂死者，还有带着或搀着患者进来的那些满怀期待和担忧的人。我熟悉他们，出入我诊所的也都是类似的人。而这个身处异国他乡的女医生用完全不同的工具处理着我每天都要处理的病情。也许只要是医生，不论身在何处，每天都要面临这些病情。我被深深吸引了，看着她完成整个流程，问诊，检查，诊断，治疗，散播希望，或在没有希望时给予安慰。虽然她说的话我一句也听不懂，但整个过程我再熟悉不过。

一天的诊疗结束，电影也进入尾声。我在下班的时候都是和同事们坐在办公桌前忙着赶图表。但电影里却完全不同。高高的山边夕阳西下，病人已经离开，一切恢复平静。诊所的助手，几个年轻男子，离开诊所时一路飞奔，敲击着转经筒。一个、两个、三个、四个、五个，直到他们全部离开，医生再次独自一人。夜幕降临时，她用藏语诵经，她的话音一个接一个地落在下面的山谷里。在随后的寂静中，她伸出手来，熄灭了大碗里的火焰。

字幕告诉我们她是在祈祷苦难结束，众生解脱。这让我很困惑。她是在祈祷这些人死亡吗？一个如此致力于治愈的人怎么会以这样的方式结束一天？如果她不是在祈祷死亡，那她在祈祷什么呢？解脱对我来说毫无意义。30年后的今天，在我看来，在某个地方，自由就等同于治愈。我发现我也开始希望有一种药物能让所有人解脱，让所有人自由。

第四章

自 由

Freedom

佛教徒谈论轮回和幻相世界。那是我们大多数人存在的世界。据说，把虚幻误认为现实是我们痛苦的根源。然而，痛苦本身就能让我们以一种优雅的方式从虚幻中解脱出来。通常在危机时刻我们竭尽所能时，会意外地发现自己的完整性和真正的力量，看到自己为了获得他人的认可如何改变了自己。经过调整修复的东西总是没有完整的东西那么坚固。在真正需要的时候，我们会想起完整的自己并解放自我。

在逐渐成熟的自然过程中，或在身边人依赖自己的时候，人们慢慢找回完整的自我，这是个出其不意的过程。但在面对危机或失去时，人们可能会突然找回完整的自我。在工作中，我见过许多人在失去珍贵的东西或至亲之人时找回了更完整的自我。

我还记得年轻的时候，我总是一副不耐烦、爱评判又易怒的样子，走过诊所的走廊来到诊疗室，打开门，焦虑的母亲和生病的孩子正在等我。而就在关上门的那一刻，我会变得更像现在这个成熟的自己。30多岁的我平时都没那么成熟。在工作中的我是更完整的自己。就在敲开那扇诊疗室的大门时，我瞬间变得更有智慧，也更有同情心，能更加客观地看待事物，仿佛时空穿越一样。这很常见，在被人需要的时候我往往就会发生这样的变化。

跟某些人在一起时，我们可能会在短时间内感受到更完整的自己，体验到不一样的自己。这样的经历是一种恩典，不仅能让我们了解如何成为完整的自己，还帮助我们深切地体会更完整的自己是一种什么感觉。每个人的完整自我都是独一无二的，如果大家都以埃莉诺·罗斯福（Eleanor Roosevelt）[①]和阿尔贝特·施韦泽（Albert Schweitzer）[②]这样常见的榜样为目标，我们只会与真实的自己越来越远。完整的我们与完整的他们不同。自身的完整性更加自洽，对自己来说也更容易实现。

我们总是脱离自身去寻找英雄或导师，大多数人可能意识不到自己已经成了想要成为的榜样。信念、态度和自我怀疑可能会限制人们寻找完整的自己，而完整性就在我们自己身上。它可能被困住了。但当我们需要指导、方向和最基本的安慰时，它可以被唤回，可以被记住。最终我们会依靠自己的完整性而活。

人们在面对极端情况时可以冲破一生的束缚，这样的故事我们都读到过。这种经历甚至可能同时出现在整个国家的人身上。第二次世界大战期间发生在英国的故事表明，在德国的轰炸下，许多英国人找回了完整的自己。但大多数情况下，我们会在极其普通的情况以普通的方式体验到自己的完整性，甚至可能都不会察觉。

我有一位病人是个年轻的商人，他患有非霍奇金淋巴瘤。从确诊那一刻起，他就很担忧自己的妻子无法接受他生病且可能死去的事实。他说他的妻子是个极度害羞、孤僻的人，而且很脆弱。当年因为她害怕举办公开的婚礼，他们就私奔了，所以他完全无法想象她要如何独自抚养孩子，如何独自撑起他开创的成功事业。

---

① 美国第32任总统富兰克林·罗斯福的妻子。

② 德国学者，人道主义者，诺贝尔和平奖获得者。

我第一次见到他妻子的时候，她确实如他所说。他在化疗过程中苦苦挣扎，一次次被失望击败，最终英年早逝，而在这个过程中，他的妻子发生了巨大的变化。她不断鼓励丈夫去尝试，联系全国的医生和专家，学着一点点接管丈夫的生意，鼓励并安慰孩子。整个过程中，她不论是在个人生活还是事业上都展示出了出人意料的勇气。到丈夫去世的时候，她已经可以独自运营公司，并把生意做得很成功。

几年后，她打电话来预约。她想和我讨论一下关于孩子教育的事，问我她丈夫生前是否留下过什么意见，可以作为参考。她已经不是我三年前认识的那个女人了。我告诉她，她的变化很大，在面对丈夫生病，死亡以及之后的生活中她表现得那么强大。我问她有没有想过自己这几年能做那么多事情。

“好吧，没有。”她回答说。她一直很害羞，从小就被大家贴上了“害羞”的标签。没有人激励过她，她也不曾激励自己。但勇气和承担风险的能力来得那么自然，一开始她自己也很震惊，但后来她意识到这种勇气正是源于害羞。她笑着说：“瑞秋，我太害羞了，跟人打招呼，去超市，去干洗店……不管做什么都要鼓起勇气，接个电话都像是在冒险。所以对我来说，我要鼓起勇气才能生活，在别人看来如同吃饭呼吸一样简单的事我也要鼓起勇气才能做到。大概就是因为这样我才慢慢变得勇敢了。当吉姆极度需要我的时候，我帮不了他，也不能再害羞了，我想那时我已经准备好了。”

多年前，加州大学旧金山分校医学中心兰利波特研究所的一位年轻的精神科住院医生想深入了解站在生死边缘的人，于是他来观摩我的咨询。当时来咨询的是一位前帮派成员，他的手上布满了文身。他说自己深深爱着自己的妻子，她还那么年轻，却将死于癌症。他说自己在不知不觉中拥有了这种爱的能力，并且得到了治愈。当他分享关于自己的看法以及与妻子经历的那些亲密和柔情时，我瞥了一眼这位年轻的弗洛伊德精神病学家。他不再做笔记，眼里充满了泪水。这位病人离开后，我问他是否有收获。他苦笑着说："我们都比看上去更强大。"

其实，我们都比自己以为的更强大，完整的自我一直都在，只是被遗忘了。完整性并不意味要往自己身上补充什么。比起补充，它更多的是在消除，它把我们自己从我们应该是谁的信念中解放出来，把我们从如何"修正"自我的他人劝说中解放出来，去认识真实的自己。即便长年以同一种方式观察、思考和生活，我们也能够打破这一切，找回完整的自己，以另一种从未想过的方式生活。人们找回完整的自己，就像拍着口袋努力回想自己把自己放在了哪里。

一位女患者被诊断出乳腺癌，两个月后她说自己做了一个梦。梦里的她站在芝加哥动物园的鹰笼前，看着一只老鹰睡在栖木上。这个笼子和所有其他鸟笼一样，由看起来像铁丝网的东西制成，但更重，更结实。

就在她看着的时候，那只鹰醒了，展开华丽的翅膀，穿过笼子飞了出去。她看着它越飞越远，直到变成了天空中的一个小点。老鹰最终消失时，她没有任何失落感，而是感到内心的振奋。就在这时，她注意到笼子上并没有洞。

“真是个美妙的梦。”我想，随即问她怎么理解。她犹豫了一下，说害怕这个梦有什么含义，她问我这个梦是不是意味着她快要死了？我说不知道，但这肯定是一场关于自由的梦，同样可能意味着她会活下去。

三年后，她感慨万千，惊叹于自己诊断出癌症后所经历的内心变化和觉醒。她对我说：“谁能想到我患了癌症却过得更快乐了？大家都会觉得难以置信吧？”

在重新开始自由地做自己的过程中，我们会想起一些基本的人类品质：不被怀疑的爱或同情的能力，或者人类与生俱来的其他基本权利。这些发现让我们感到惊讶又熟悉，就像很久以前放在抽屉深处的东西一样，一旦看到它，我们就知道它是自己的。

漫漫回家路

危机常常是发现潜能的契机。面对危机时，我们不再因循守旧，需要快速学习。有时需要危机才能激发人的成长。

海琳曾经是一位宫颈癌患者，她已经康复8年了。接受癌症治疗期间，她每周都会来找我咨询，但现在她只有在感到压力时才来找我缓解一下。她十分美丽，每天都要花几个小时来精心打扮。即便在癌症化疗那段最艰难的时光，她还是保持着完美的妆容，甚至指甲、假发都那么精致。从她小时候起，就没有人见过她卸妆的样子。确诊时她已经离婚好几年了，而还没离婚的时候，她每天都会比丈夫早起半个小时，等到丈夫醒来的时候，她已经打扮得漂漂亮亮。

在霍姆斯-拉赫压力量表中，升职和失业给人带来的压力是一样的，结婚和离婚带来的压力也一样。不论是失去还是得到，也许是变化本身让我们有压力。有一次，海琳因为订婚来找我。她说未婚夫是一个很优秀的人——善良、忠诚、聪明、幽默，而且还是一个事业有成又有创意的商人。他们同居了一段时间，相处得很好。她说他一切都很完美，除了一点：他缺乏激情。他们的恋爱“愉悦却无聊”。他每次都要征求海琳的同意才会吻她，海琳不确定他是不是自己想嫁的男人。

但在1989年10月17日下午5点04分，她的想法完全改变了。那天下午，海琳在旧金山市中心一家最好的百货商场，打算选一套参加未婚夫庆功晚宴的礼服。私人导购陪着她在更衣室试穿一条紫红色丝绸连衣裙，海琳对这条裙子很满意。导购建议她穿着裙子上七楼去配一双鞋，海琳就把所有物品都锁在更衣室里去试鞋子。她刚穿上一双颜色完美般配的高跟鞋，就发生了地震。

整个商场的灯都熄灭了，大楼剧烈地摇晃，海琳被震动推倒在地，她在黑暗中听到周围物体掉落的声音。一切平静后，她，其他几个顾客还有销售员一起摸索着下到了商场一楼大门口，到处都是碎玻璃。

海琳跑到了大街上，穿着一身昂贵的连衣裙和一双10厘米高的高跟鞋，周围全是惊慌失措的人在逃窜。黑暗的商场里一片混乱，她的衣物和包包不知道在哪个角落，当时进去找东西太危险了，但钱和车钥匙都在包里。她走到街角拿起公用电话，但电话也坏了。

海琳一直不喜欢麻烦别人，当时也一样，于是她转身向北，开始朝着位于圣拉斐尔的家走去，那里离商场有好几公里。

她走了大概8个小时才回到家。没走多久脚就开始疼，她就脱下高跟鞋扔了。走着走着尼龙袜也破了，她的脚开始流血。她一路经过倒塌的房子，被瓦砾绊倒，踩在满是消防污水的街道上。她沿着码头走到金门大桥，穿过大桥进入下一个县城，整个人脏兮兮的，汗流浃背，蓬头垢面。差不多午夜过后，她终于到家了，敲了敲门，她的未婚夫打开了门，第一次看到她如此狼狈，一把把她揽入怀中，踢上了门，亲吻她那脏兮兮、泪流满面的脸。

海琳聪慧过人，却想不明白为什么未婚夫以前从未如此热情。当她问起时，得到的答案是："我总是害怕弄花你的口红。"

她告诉我，现在每当她要重新陷入以前那种完美主义时，就会想起未婚夫开门时满眼爱意的样子。她一直是男人关注的对象，但她从未在男人的眼睛里看到过那种感情。

任何真正亲密关系的核心都是脆弱。由于这种脆弱性，我们很难相信别人，除非看到对方也有同样的弱点，并且知道他们不会评判我们。从根本上来说，是我们的不完美，甚至是我们的痛苦吸引了其他人。

破碎的花瓶

愤怒通常代表对生活的参与。人们之所以会愤怒，是因为生活中发生的事情深深触动着他们，令他们产生了强烈的感受。愤怒作为一种情绪有其局限性，深受舆论诟病，但我的多年从医经验表明，这种情绪也有健康的一面。利维（Levy）、特莫沙克（Temoshak）和格里尔（Greer）的一项有关癌症的研究表明，许多病人在康复时首先会变得愤怒。愤怒其实是要求改变，是一种希望事情有所不同的强烈的愿望。当人面对一种对身体和生活产生重大影响的疾病时，愤怒可能是重新建立重要界限和维护个人完整性的一种方法。对我来说，愤怒首先表达的是生存意愿。只有当人们把愤怒与生活方式结合在一起时，它才会成为一个问题。

从医生涯中，我遇到的最愤怒的人之一是一位患有右腿骨肉瘤的年轻人。他在高中、大学期间都是运动员，过得顺风顺水，美女、跑车、名誉皆为囊中之物，直到被诊断出这种病。确诊两周后，他的右腿到膝盖以上都被截去了。手术救了他的命，却也断送了他的生活。

从此以后他再也不能打球了。

这样愤怒的年轻人会采取很多自我毁灭的行为。先是不再去上学，然后开始酗酒、吸毒，疏远以前的崇拜者和朋友，并一次又一次发生车祸。他出现这些情况时，他的前教练立刻打电话给我，介绍他来找我咨询。

这个强壮又英俊的男孩特别自我和孤僻。一开始，他身上有种我很熟悉的愤怒.。他讨厌所有健全的人，觉得很不公平，自怜自哀。第二次会面时，为了鼓励他表达自己的感受，我给了他一个画板，让他画出自己的身体。他粗略画出一张草图：一个花瓶的轮廓，又穿过中心，画出一道深深的裂缝。他拿着黑色蜡笔在裂缝处反复使劲地画，把纸都画破了。他眼里噙满了泪水，那是愤怒的泪水。在我看来，这幅画有力地表达了他的痛苦和他失去了一条腿这一无法改变的事实。很明显这个破碎的花瓶再也无法装水，再也不能当花瓶了。看着他这样我感到很痛心。他走后，我把这幅画叠起来保存了下来。它太重要了，不能扔掉。

随着时间的推移，他的愤怒开始发生微妙的变化。在一次咨询开始时，他递给我一篇从当地报纸上撕下来的文章。文章中讲述了一场摩托车事故，一位年轻人在事故中失去了一条腿，然后详细讲述了他的医生说的话。我读完后抬头看了看他。他愤怒地说："那些白痴根本不明白。"在接下来的一个月里，他带来了更多这样的文章，有些来自报纸，有些来自杂志：在房屋火灾中被严重烧伤的女孩，因化学装置爆炸而被炸毁部分手掌的男孩。而对于这些文章，他总是严厉评判医生和家长们善意的努力。在我们的咨询中，他越来越多地对其他年轻人的遭遇表达愤怒。他认为没有人理解他们，没有人支持他们，也没有人真正知道如何帮助他们。他还是像以前一样愤怒，但在我看来，在这种愤怒的背后，他对他人的担忧与日俱增。于是我趁热打铁，问他想不想做点什么。起初他很惊讶，说不想。但是，就在他离开之前，他问我能不能让他见一见和他一样肢体残缺的人。

我们的教学医院有来自世界各地的患者，很有可能有一些和他同样受伤的人。我说我认为完全有可能，并承诺会去找一下。没过几周，他就开始探访外科病房里那些和他一样受伤的年轻人。

每次会面他都会听他们讲述自己的故事，而他也很高兴可以接触年轻人。他常常能在别人无计可施的时候提供帮助。过了一段时间，他还能和患者父母与家人交谈，帮助他们更好地理解这些年轻人，了解患者的需求。这些会面效果良好，医生们也很开心，于是推荐更多人来与他见面。一些医生以前看过他打球，也开始和他聊天。他慢慢了解了医生，对他们越来越尊重。他的愤怒逐渐消退，甚至变得有点像个心灵导师。而我则关注他的变化，倾听他带来的故事，欣赏这整个过程。

在他讲给我听的所有故事中，我最喜欢他去探访一个女孩的故事，这个女孩有着不幸的家族病史：她的母亲、姐姐和表妹都死于乳腺癌。而她的另一个姐姐正在接受化疗，这促使她做出决定。在21岁时，她做出了当时仅有的选择，通过手术切除两边乳房。

盛夏炎热的一天，男孩身着短裤，露出假肢，去见了这个女孩。

女孩非常沮丧，躺在床上，紧闭双眼，完全不愿看他。男孩想尽一切办法都无法引起她的注意。他说了一些只有身体不健全的人才敢说的话，跟女孩开玩笑，甚至生气了，但她毫无回应。收音机里一直在低声播放着摇滚乐。他十分气馁，站起身来，做最后一次引起她注意的努力。他解开了假肢的系带，假肢重重地掉到了地板上。女孩吓了一跳，睁开眼睛，第一次看向他。他因此受到了鼓舞，就开始在房间里跳来跳去，随着音乐打起响指，放声大笑。过了一会儿，女孩也大笑起来。她说："伙计，如果你能跳舞，或许我可以给你伴唱。"

就这样，他们俩成了朋友，一起去医院看望病人。女孩当时正在上学，她鼓励男孩回到学校学习心理学，追求事业上的发展。女孩最终成了他的妻子，她和他以前约会过的模特或啦啦队成员非常不同。早在他结婚之前，他的咨询就结束了。最后一次咨询的时候，我们回顾了他刚来时的情况、问题的症结和转折点。我打开他的咨询记录，拿出他两年前画的那幅破花瓶，展开，问他是否记得自己为身体作的这幅画。他拿在手里看了好一会儿，说："其实这幅画还没画完。"我有些惊讶，把一篮蜡笔拿到他面前。他拿起一支黄色的蜡笔，开始从花瓶的裂缝向纸的边缘画线，我困惑地看着他微笑着画了一些粗黄色线条。完成后，他将手指放在裂缝处，看着我，轻轻地说："这是光照进来的地方。"

苦难与完整性密不可分。苦难可以让人更完整，这不仅是个别宗教传统的信仰，这几乎是所有宗教传统的一部分。而在我二十年的从医生涯中，我看过太多癌症患者经历难以想象的失去和痛苦，他们的经历让我看到这不是一种教义或宗教信仰，而是自然法则。也就是说，我们不必通过所谓神圣启示，只需通过对世界本质进行仔细和耐心的观察就能理解这一点。苦难塑造了生命力，生命力有时会以愤怒、责备或自怜的形式呈现，但最终我们会看到热爱生命和服务生命的自由。

另一种沉默

当医生的第一年，我有一位15岁的白血病病人，她同时还是家中年迈父母唯一的孩子。当时，白血病还是一种不治之症，只能进行化疗。但化疗毒性很大，儿童只能长时间住院治疗。这个小女孩曾多次住院治疗，但她的病情仍在继续恶化。留给我们的时间不多了。

她的治疗方案是每隔4小时进行一次静脉化疗。虽然治疗方案是她的私人医生安排的，但只有我们住院医生24小时在医院，所以只能由我们来对她进行治疗。每次我都会提前15分钟进入治疗室，准备静脉注射普通盐水。因为她的药物在未稀释的状态下具有极强的腐蚀性，所以我要穿上防护围裙，戴上护目镜、口罩和手套，像一个全副武装的骑士。我从锁着的储藏处取出一小瓶抗癌药物，打开一支全新的注射器，仔细地吸出精确的剂量，检查两次后将其注入生理盐水瓶。然后脱下防护围裙，摘下口罩和护目镜，但手套不能脱，我把稀释后的药物拿到格洛丽亚的床边，在她的手臂上找到静脉，然后开始注射，慢慢地将这“毒药”直接注入她的血液。我讨厌这样做。

当时医院规定，未征得家属允许不得与孩子谈论其病情，或死亡的可能性，这让我在和格洛丽亚相处时变得更煎熬。而格洛丽亚的父母对此明确表示不允许。他们在护士站贴了一块标志，提醒我们不要讨论格洛丽亚的疾病或预后。在她的病历前面也有这样一个标志。他们已经表达得很清楚了。

我当时不到24岁，只比格洛丽亚大8岁；失去和潜在的死亡将我们两个年轻女孩联系在一起，却又有一堵沉默的墙将我们隔开，就像一块厚厚的玻璃。我能看到格洛丽亚，能和她说话，当我给她注射化疗药物时，甚至可以触摸到她，但我们无法触及彼此的内心。格洛丽亚在夜里的治疗时间分别是凌晨2点和6点，这段时间对我来说尤其困难。也许是因为黑暗，或者是在病房里行走时脚步声的回声，孤独感变得越发难以忍受。我害怕去她的病房。

一天晚上，这堵阻隔我们的墙非常自然地倒塌了。凌晨2点，我拿着药来到她的房间，打开床头灯，叫醒了她。她躺在灯光里，看着我为她做静脉注射。针头很容易就扎进去了；我用胶带把它固定住，然后打开了旋塞。我轻轻地把她的胳膊放回毯子里，问她有没有什么需要。目光交汇时，她问我："雷曼医生，我是不是快死了？"

当时我脑海中迅速闪过很多念头。我知道自己应该怎么说，但当我想用专业的语言否认时，却怎么也说不出口。相反，我告诉她，医生们在竭尽所能为她治疗，但她的病情还在恶化。如果这种情况继续下去，她很有可能会死。她闭上了眼睛，过了一会儿，她告诉我她早就知道了，并让我不要告诉她的父母，她怕他们无法接受。

我问她是否思考过死亡。她点点头。我又问她："对你来说，最难的部分是什么？"她说，最难的是不知道死亡是什么感觉。她问我是否见过有人死去。我说有，她让我跟她讲讲。

当时我还没有见过太多死亡的场面，但向她讲述了两起我目睹的死亡。当她得知死亡并不痛苦时似乎很欣慰。我问她这样的谈话会不会让她难过，她说不会，反正她已经难过很长时间了。她还想多聊聊，但天都快亮了。我承诺6点我带着药过来时再聊，让她先睡觉。她很听话，闭上了眼睛。我没有关灯。

6点时，我们开始了第一次关于死亡的对话。格洛丽亚的父母不信教，她家的狗死后，父母告诉她死亡就是生命的终结。她非常想念这只狗，问我死亡是不是就是结局。"我们真的不知道。"我说，然后我告诉她我认为死亡是一件神秘的事，它可能是生命的终结，但也可能不是。

我们有同样的疑问：生命会以另一种方式继续吗？我们聊到了天堂，还有其他死后生命存在的可能性。她惊讶地发现，世界上大多数人都相信人死后生命还会延续。我告诉她，哲学家和其他人一直在探索死亡的奥秘，并写了一些关于死亡的文章。我问她想不想看这些文章。她说想看。

接下来大约一周的时间里，我们一起阅读，一起讨论。有时她的朋友也在，也会和我们一起讨论。我参加的医学培训中从未讨论过死亡，只讨论过一个完全不同的话题，就是对垂死病患的管理。我本科学的是哲学专业。这个专业选择让我差点没能被顶尖医学院录取，但哲学思想现在派上了用场。

我开始期待和格洛丽亚见面，希望倾听她的想法和感觉。一天晚上她告诉我，她也很期待与我交谈，而且自从我们开始聊天，她也没那么害怕了。当时我还不太了解心理学，但我惊讶地发现，对于没有解决方案、没有已知答案的事情，谈论它可以减少人们对它的恐惧。尽管我在诊断精神病理学方面接受过良好的培训，但培训里并未教我可以这样缓解恐惧。

过了一段时间，很明显化疗并不能控制格洛丽亚的病情，她的白细胞数量越来越多，她也日渐虚弱。我不认识她的父母，因为他们只与格洛丽亚的私人医生交流，并不与住院医生交流。看着格洛丽亚的身体状况越来越差，我知道应该让她的父母多了解她的想法。但我对此又有些担心，因为我和格洛丽亚聊了她的病情和死亡，这违背了她父母的意愿。我本不该和她聊这些，他们有理由对此感到非常愤怒。我也违反了医院的政策，没有咨询她的私人医生，也没有报告我们的谈话。如果格洛丽亚的父母向医院投诉，甚至可能意味着我要丢掉工作。尽管如此，我还是觉得现在应该鼓励格洛丽亚与父母聊聊。

我问格洛丽亚想不想和父母聊聊，我说她父母应该还不知道她在思考自己的死亡。她问我他们知不知道她快要死了，我说知道，但他们不知道如何告诉她实情。于是她说想和父母谈谈。

第一次交谈后，她说他们的对话比较伤感。她对父母说自己的病情让他们难过了。她善良的父母则说格洛丽亚丰富了他们的生活，他们没有遗憾。她感受到了父母深深的爱。她一直知道母亲很爱她，但父亲比较含蓄；她以前不知道父亲有多在乎她。“雷曼医生，”她说，“他甚至哭了。”

在接下来的几天里，他们一起回忆美好的家庭生活。她告诉父母一些对她来说很重要的事情，一些她很感激的事情。其中许多事情他们甚至都不知道。她立了一个小遗嘱，并把这件事告诉了他们。她甚至和父母谈论了她的葬礼，他们一起策划了葬礼。应她的要求，父亲给她看了墓园的照片，还告诉她有一天他和她的母亲也会被埋在那里。这一切都非常非常令人悲伤，但他们都不再感到孤独。

日子一天天过去，没有人找我谈话，我松了一口气。虽然我没有要求格洛丽亚对我们的交谈保密，但她似乎没有把我们的谈话告诉她的父母。我感到如释重负。

格洛丽亚最终陷入昏迷状态，在父母的陪伴下，于某天黎明前平静地去世了。那天晚上轮到我巡视病房，所以我被吵醒了。当她的私人医生来签署死亡证明并和她父母交谈时，我就在那里。这位私人医生意识到自己有责任培训住院医生，就邀请我和他一起去咨询室，并把我介绍给格洛丽亚的父母。

她父母显然刚刚哭过。医生说我们已经竭尽所能尝试了所有科学办法，但还是没能救活她。医生真诚地向他们表达遗憾，还说格洛丽亚非常勇敢，他们也是非常称职的父母。然后又说了些安慰的话。他说，有父母的陪伴，格洛丽亚并不是孤单地死去的，而且她不知道自己快要死了，所以她并不害怕。

医生说完后，大家都静静地坐了一会儿。然后格洛丽亚的父亲第一次看了看我。

他对我说："谢谢你！"

格洛丽亚离世时并不孤单，然而她差一点就要孤独地死去了。

回 家

1972年，我受邀成为一个研究项目的研究对象，这个项目由两位教育工作者苏基·米勒（Sukie Miller）和斯图尔特·米勒（Stuart Miller）在伊莎兰研究所（Esalen Institute）组织进行。当时，人类潜能运动（the Humanistic Potential Movement）正处于鼎盛时期，而伊莎兰是范式转换的中心，这项运动最终影响了我们的文化基础：教育、政治、神学、法律，当然还有医学。众多具有开创性的思想家，例如格雷戈里·贝特森（Gregory Bateson）、亚伯拉罕·马斯洛（Abraham Maslow）、阿尔多斯·赫胥黎（Aldous Huxley）、约瑟夫·坎贝尔（Joseph Campbell）、阿兰·瓦兹（Alan Watts）、弗里茨·佩尔斯（Fritz Perls）都参与了这项运动。

那是一项为期24个月的邀请性研究基金研究项目，提供给12位知名的传统医生。每个月的某个周末，我们都可以与一位先驱理论家一起讨论新的观点，尝试新的方法，看看这些关于人类本性和能力的新想法是否适用于医学实践。

那时我还是一名年轻的教授，在斯坦福大学儿科诊所担任副主任，那时还没有整体健康的概念，十几年后才有这一概念。我对自己的职业方向很确定。我是一名学术型儿科医生，是斯坦福大学为数不多的女性教师之一，我的志向是成为一所大型医学院的儿科主任。我加入这个项目并不是因为意识到它有利于我未来的职业发展，而是因为34岁的我觉得这是一个很好的结识异性的方式。

而这个决定成了我人生中最重要的决定之一，是一个转折点，那之后我的人生变得更有意义。尽管我当时已经接受了15年的科学培训，但我毕竟是哲学专业的学生。因为从医，我在大学时代许多想不明白的问题被搁置，但在伊莎兰，这些问题的力量和奥秘重新显现。我喜欢在伊莎兰的周末时光。然而，大约6个月后，我开始感到恐慌。在第三次和大师们交流之后，我发现自己总是在要去伊莎兰度周末的前几天感到恐慌。我被吓到了，去找苏基·米勒，想要退出。

但苏基见多识广。作为大师级治疗师，她熟悉人的成长方式，知道人在旧方式消失和新方式尚未建立时会出现一些心理现象，她问我想不想弄明白为什么会这样。我很重视客观性，也不愿轻易承认我就是想当逃兵。当我说我想弄明白是怎么回事时，她提出使用意象帮助我了解这种恐慌的意义。这也是我们在项目中探索的一种新心理学的基本技巧。

在这个简短的治疗中，她让我闭上眼睛感受脑海中出现的与恐慌相关的画面。我对这种方法半信半疑，但脑中很快出现了一个图像：一个又薄又平的白色长方形。我向苏基描述了这个图像，并以平时快速做出诊断一样的权威口气加了一句："是一张名片。"她问我是否确定，我惊恐地发现我并不确定，我其实也不知道那到底是什么，然后那可怕的恐慌情绪又出现了，我赶紧睁开眼睛。苏基面带微笑看着我。她同情我的痛苦，告诉我当然可以退出这个项目，但最好还是先弄清这种感觉出现的意义。她建议我每天在"空闲时间"多思考白色长方形的意义，比如在等红绿灯或在超市排队时。她鼓励我把这个图像记在心里，以平稳、不苛求的心态看待它，开放地接纳它可能代表的意义。她向我保证，我迟早会明白这个图像的意义。

接下来的4到5周，我感到沮丧又烦躁，觉得苏基只是在用高明的手段把我留在这个项目中，以保持研究数据的完整性。但事实并非如此。我还清晰地记得迷题解开时我在哪里，又在做些什么。我当时开着一辆手动挡汽车，沿着高夫街行驶，那是旧金山最陡峭的山路之一。为了避免车辆后滑，我正集中精力换挡。突然，那个扁平的白色长方形再次出现在我的脑海中，但这一次它开始改变形状，膨胀起来。随之而来的是一阵极度恐慌的混乱情绪。我汗流浃背，把车停到路边。我很害怕，我记得我当时在想"我要死在这里了"。然后，这一切的意义突然显现。

整个理解过程以一个故事的形式出现。那个白色长方形并不是名片，而是多年来受到稳定外部压力的棉花糖。压力改变了它原本的形状，才使它变得又长又平。但现在，压力得到了释放。形状的更改让它感到害怕，它觉得自己似乎就要死去。但棉花糖不会死，它只是在恢复本来的形状。它最熟悉的形状并不是它原本的形状。随着压力的释放，某些深处的东西让它想起了自己的完整性，它的真实形状，现在正在恢复。而在某个地方，同样释放了压力的其他棉花糖现在能够认出它并与它成为朋友。

了解这一切后，我不再恐慌，明确了很多事。这个童真的故事与棉花糖无关，这是关于我的故事。我的家人高度重视学识、学业、研究和教学，十分瞧不起非理性的人。我在医学领域的同事也一样。为了符合这个世界的生存方式，我一生都在承受这种压力。这就是归属感的代价。我可以将某些事做得很好，而且能一直做得很好，但这不是我原本的样子，就像让左撇子用右手写字一样。我一直这么做，而且做得如此成功，以至于我也忘了那不是我原本的样子，但现在我清楚地认识到了这一点。

伊莎兰研究项目的理念是变革性的，我在那里遇到的人与我之前认识的人截然不同。他们更像我的祖父，和他们在一起就像祖父又回到了我身边。他们会去研究无法言说之物的完整性，乐于拥抱超越了现有研究工具的大问题，这让我开始释放把我压得变形的压力。那种非自然的状态得以逐渐消失，我正在恢复自己本来的样子。尽管我表现得理智务实，但我本质上是一个直觉主义者，甚至是一个神秘主义者。我终于想起来自己是祖父的孙女。我回家了。

我的恐慌症再也没有复发，而苏基似乎一点也不惊讶。

回　忆

我们为了生存而做的事与为了生活而应该去做的事通常是不同的。作为一名癌症治疗师，我的工作就是要帮助人们认识到这种差异，摆脱生存的枯燥，重新关注生活的精彩。很多人都会面对这一问题，我对其中一位美丽时尚的亚裔女性的印象最深刻。在为她治疗的过程中，我意识到有些事即便永远无法修复，也不影响治愈。

我们第一次会面时，她正要开始为期一年的卵巢癌化疗，但她只字不提自己的病情。她告诉我她是一个“坏人”，冷酷、冷漠、自私且没有爱心。她在自我控诉时极其沉着和坚定。我看着光线照在她完美的皮肤上，乌黑的长发闪闪发光，打心底不相信她的自我控诉。真正自私的人是不会意识到这一点的——他们会毫无疑虑、毫不犹豫地把自己放在第一位。

安娜的声音里充满了羞愧，她说自己是个冷酷无情的人，她在事业上之所以能取得巨大成功也是因为她的无情。最关键的是，她觉得患上癌症就是她的报应，所以她是不可能康复的。她质疑自己来寻求帮助的意义。然后我们都沉默了，打量着对方。“为什么不试着从头开始说呢？”我问。

接下来的8个多月她都在讲述自己的故事。她不是美国人，她是一个孤儿，10岁时被一个善良的家庭收养，于是来到美国。这家人并不了解她的过去，在他们的帮助下，她才开启了属于自己的生活。

她讲到了自己小时候在战争时期的遭遇，声音小到我几乎听不到。她说起父母的死，那年她才4岁，敌人来的那天早上，她躲在厨房装大米的木箱里。士兵们杀了其他人之后并没有去检查那个木箱就走了。她冒着危险躲起来时，目睹了家人被斩首，这就是一切苦难的开始。我吓坏了。

她继续说，那是一个残暴的时代，一个无情的世界。她独自一人，挨饿受冻，遭到了残酷对待。一开始她还有点犹豫，后来越来越放得开，把她所有的故事都讲给我听。她说她成了一个无家可归的孩子，做过偷鸡摸狗的事，背叛过别人，心怀仇恨，还曾经帮凶杀人。她见识过常人无法承受的事情，也做过常人难以想象的事情。就像孢子一样，她变成了让自己能够生存下去的某种东西。

几周过去了，我几乎没什么能说的。她反复告诉我自己是个坏人，是个“黑暗的人”。我对她经历的一切感到恐惧，同时也怜悯她，希望能减轻她的痛苦，给她安慰，但于事无补。我继续听她讲自己的故事。

沉默和绝望的墙一次又一次地把我们彼此隔绝开来。我则一次又一次地鼓励她，坚持让她告诉我最坏的情况。她哭着说“我不知道我做不做得到”，但同时又希望我能当听众，我则告诉她必须讲出来。然后她就会继续讲她的故事。我经常发现自己不知道如何回应，除了和她一起一只脚站在我平静的水上办公室里，另一只脚踏入一个无法想象的世界，除了一直陪着她，我什么都做不了。我不是孤儿，没有被追捕过，从未挨过饿（除了自己主动选择不吃），没有暴力袭击过他人。但我能在她身上看到自己内心的黑暗在窃窃私语，我尝试站在那个角度听她说话，试图理解她。我想跳进她的世界去安抚她，去理解一切，但不可能。有一次，在绝望中，我记得自己在想："我是第一个见证她的故事的人。"

她一次又一次地大喊着："我的内心如此黑暗。"在这种时候，我觉得癌症实际上在帮助她理解自己的生活；癌症减轻了她内心恐惧又期待已久的惩罚。

有一次她讲完一个故事后，我深受震撼，她居然能带着这些回忆一路走到今天。我向她表达了这一点，并补充说："我很佩服你。"我们坐在一起，看着对方。她说："你这么说对我很有帮助，我感觉不那么孤独了。"我点点头，我们就那样静静地坐着。我确实佩服这个女人和她的生存能力。多年来，我治疗过很多癌症患者，却从未见过像她这样的人。我很同情她，她就像一只被困在陷阱里的动物，为了生存拼命咬断自己的腿，她活了下来，但也付出了可怕的代价。

她渐渐开始讲到最近发生的事情：她无情的商业行为、她如何利用别人，并总是为了自己的利益服务。她说起自己内心的鄙视、愤怒、不友善、对人的不信任以及她的争强好斗。在我看来，她依然很孤独，我想："她的生活没有什么本质变化"，她的生活一直都是为了生存。

在一次特别痛苦的咨询结束时，我也开始回顾自己的一天，注意到自己的大部分时间也是专注于生存，而不是生活。我想我似乎也陷入了生存困境。为了做得当的事，说得当的话，得到自己认为需要的东西，我又怠慢了多少眼前的生活？生存会成为一种习惯吗？生活中处处小心翼翼会不会等于没有生活？

于是我脱口而出：“安娜，你已经活了下来，现在不必再为生存而活了。”她困惑地看着我，但我也不知道还要说些什么。

一天，她走进来说：“我的故事都讲完了。”

我问她：“有没有轻松一些？”但她的回答却在我意料之外：“没有，我觉得很空虚。”

我问她为什么，她看向一边说：“我恐怕不知道今后该如何生存了。”然后她笑了，又说，“但过去我永远不会忘记如何生存。”

几周后，她做了一个梦，这是她第一次记得梦的内容。梦中，她一直在照镜子，看到镜子里自己的上半身，她似乎可以透过衣服，透过皮肤，看到自己的内心深处。她看到自己内心一片黑暗，感到一种熟悉的羞愧感，那种感觉就像她第一天来我办公室时那样强烈。然而，她无法移开视线。然后，她似乎看到自己在移动，穿过镜子进入了镜中自己的形象，并且越来越深入黑暗。她盲目地向前走了很长一段时间。然后，就在她确信没有尽头，没有终点，可以一直走下去的时候，她似乎看到了前方的一个小点。她越走越近，认出了那是什么，那是一朵玫瑰，长长的花茎上有一个完美的玫瑰花蕾。

那是她8个月以来第一次轻声哭泣，但没有痛苦。她告诉我：“它非常漂亮，我能非常清楚地看到它，茎上有叶子和刺，含苞待放。它的颜色无法形容：那是最柔和、最亲切、最精致的粉红色。”

我问她这个梦对她来说意味着什么。她一边抽泣一边说：“它是属于我的，它还在那里，始终在那里，一直在等我回来找到它。”

玫瑰是象征心脏的最古老的原型之一。它出现在某些传统文化中，也出现在许多童话故事中。尽管安娜从未读过这些童话故事，也从未听说过这些传统，但它现在呈现在她面前。在生命的大部分时间里，她让自己紧紧拥抱黑暗，用黑暗来保护自己，甚至用黑暗来定义自己。现在，她终于能够记起自己隐藏起来的那个部分，那个她一直保护起来，未曾触及的部分。

除了过去的经历，信念也在束缚着我们。但甚至内心最黑暗的地方也可以得到治愈。《奇迹课程》（*A Course in Miracles*）里说：“当我原谅自己、想起自己是谁时，我会祝福我所看到的每一个人和每一件事。”只有敞开心扉才能得到自由。

第五章

敞开心扉

Opening the Heart

很多人来找我聊癌症治疗，但最后都聊到自己本质上感到多么孤单。

他们觉得别人爱他们、重视他们，只是因为他们还有价值，而不是他们本身值得被爱，他们对自己的爱亦是如此。他们谈恋爱，组建家庭，与邻居相处，与人合作，却并不真正认识身边的人，也没有被身边的人认识。癌症让他们第一次意识到了这一点。

矛盾的是，一些人在患病期间极度孤独的经历却开始帮助他们治愈这种孤独感。这个过程通常十分缓慢，不是刻意为之，不是通过读书、上课、冥想练习所能达到的。一些人就这样在无意中突然感受到与他人最真实的联结、归属感和无私精神。

一位女士告诉我，她曾在黑暗中艰难摸索了很久，最终才学会敞开心扉简单地生活。她在接受骨髓移植期间曾怀着满腔愤怒、嫉妒和怨恨，陷入深深的自怜、脆弱和孤独中，那种感觉无法用语言形容。她此前从未让自己经历过这种深刻的感觉，这几乎将她淹没。这种恐惧和痛苦最终打破了那些让她与周围的人产生隔阂的思维模式和信念，让她获得了稳定的归属感，与他人紧紧联结在一起。在痛苦和无助中，某一天她突然意识到，这世上的一切痛苦和快乐都与她有关。她的内心开始持续发生变化，自然流露出对生命的善意。

在多次和人们分享这类经历后，我开始好奇心灵的本质是什么。也许心不单只是用来表达爱，敞开心扉不仅是一种爱的方式，也可能是一种体验生命的方式，是一种能够感知与他人的基本联结、整体地看待他人的能力。正如这位女士的经历，敞开心扉远不止能让我们感受爱，还能让我们感受到一种归属感，能治愈我们最深刻的创伤。当人们以这种方式看待他人时，就能与他人联结，变得更容易原谅、同情他人，也愿意服务和爱人。就像我的患者曾经说过：“当我真正与自己联结时，我发现我与其他人也产生了联结。”

也许只有转变我们看待事物的方式，意识到人类纽带早已将每个人的悲喜牢牢联系在一起，世界才能得到治愈。认识到这一点，大家都不再脆弱，不再孤独。能够看到这种联系的心灵，可能会比大脑更具治愈力量。

生活方式

美国人善于沟通，但沟通并不代表联结。我记得伍迪·艾伦（Woody Allen）的一部电影中有一个场景，一群孤独的纽约男人围坐在桌边，喝着啤酒，为了缓解内心的孤独，他们疯狂地交谈。大家七嘴八舌，每个人都提高嗓门，为了被别人听到而打断彼此。最后，他们变得歇斯底里，本来是想努力与人联结，却互相吐起了口水。看到这一幕，大家都会哈哈大笑。而我越来越觉得生活已经变成这样了。

如今，不与人联结已经变成了一种习惯，一种生活方式。我以前并不觉得自己有多孤独，直到我在斐济待了一周。晚上到达后，我打开行李，漫不经心地拿起酒店管理人员留在我房间里的阅读材料。在“文化差异”这一主题下，我惊讶地发现在斐济，大家认为在大街上与陌生人打招呼是一种礼貌。小册子里写得非常具体，它写道如果有陌生人与我打招呼，不用惊慌，而且如果这时候我不以同样的方式回应，是会被视为无礼的。正确的做法是与对方进行眼神交流，并通过点头微笑或说“Bu-la”（斐济当地语言中“你好”的意思）来相互致意。但在我成长的地方——纽约，这种举动太过轻率。我觉得很有意思，决定试一试。

这意味着如果你要去邮局买邮票寄明信片，走在街上时可能会经过三四个人，每遇到一个人就要向他们点头或说“Bu-la”，同时他们也会向你打招呼。到了邮局，很快就买好了邮票。回去的路上你又会遇到刚刚经过的人，即便刚刚与他们打过招呼，你还是要再次与他们打招呼。一开始，这样有点烦人，但一周之后这就成了一种习惯。

之后我回到了美国。为了填满空空如也的冰箱，我走在繁华的加州街道上，我感到十分孤独。没有人与我有眼神接触，没有人向我打招呼，也没有人微笑。我深刻地感受到自己是隐形的、渺小的。尽管这条街道我很熟悉，这是我的家。

斐济人了解一条基本的人类法则：人与人会相互影响，我们是彼此现实的一部分。你不可能路过别人却不承认这一联结时刻，也不可能不让别人知道他们对你的影响、忽略你对他们的影响。对于斐济人来说，人与人的联结是那么自然，整个世界就是这样构成的。但在美国，我们默默地擦肩而过，就像夜晚的船。

只是倾听

我认为倾听是与他人联结最基本又有效的方式，单单倾听就好。也许我们给予彼此的最重要的东西就是关注，尤其是发自内心的关注。交谈时，除了接纳，没有必要做其他任何事。接纳对方，听听他们在说什么，关注他们说的话。大多数时候，关注本身甚至比理解更重要。但大多数人都不够重视自己的爱，因此不知道这一点。我花了很长时间才相信，在别人痛苦时，一句发自真心的“这真让人难过”就能起很大安慰作用。

一位患者曾经告诉我，她向别人讲述自己的故事时，人们经常打断她，对她说他们曾经经历过类似的事情。他们不经意间把她的痛苦变成了关于他们自己的故事。最后她不愿再与人交谈，因为这种交谈让人感觉十分孤独。我们通过倾听与他人联结，但当我们打断别人，企图告诉对方我们懂他的时候，其实是在把关注点转移到自己身上。相反，当我们倾听时，对方知道我们在乎他。许多患有癌症的人都认为有人倾听会让他们感到宽慰。

我甚至学会了在别人哭泣时静静地倾听。以前在这种时候我会去拿纸巾，后来我意识到，递纸巾可能只是让他们不要再哭，是阻止他们宣泄悲伤情绪的另一种方式。所以现在我只是听着，当他们哭够了，就会发现我一直陪着他们。

这听起来很简单，但做起来很难，和我从小接受的教导完全背离。我以前认为人们之所以只是听着是因为他们太胆小，不敢说话或不知道答案。充满爱意的沉默往往比善意的话语更有治愈力量，更能将人与人联结起来。

航班故事

我的视力很差，即便是在熟悉的机场，也很难顺利找到登机口。有一次，我总算顺利登上了一架即将离开旧金山的飞机，我松了一口气，坐在座位上，系好安全带。我坐在机舱第一排隔板后面靠过道的位置上，靠窗的座位上坐着一位优雅的老人，我们之间有一个空座位。为了缓解过去半个小时找登机口的紧张，我把包包放在空座位上，拿出一本谋杀悬疑小说，开始阅读。一个小时后，我已经被小说深深吸引，鼻子几乎要贴到书上了，此时飞机上开始供应午餐：一份沙拉、一个百吉饼和一盒酸奶。现在的飞机餐还真是丰富。

我一边继续阅读一边大口享用午餐。邻座的老人突然惊慌地喘了一口气，我微微转过头去，看到他把那盒酸奶打翻在地，他的鞋子上、毯子上、旅行袋的一侧都是溅出的酸奶，而他在看着窗外。我等着他做点什么，但他没有任何反应。我又低头看了看，看到他慢慢缩回鞋子上都是酸奶的右脚，几乎把它藏进了座位底下，我这才看清他的左脚。他的左脚脚踝肿胀，鞋子里是一个金属支架，原来他的左腿是瘫痪的。

安全带警示灯还亮着，我只能伸手去够呼叫按钮，没有应答。过了一会儿，空姐推着饮料车过来了，我指着地板，想向空姐要湿毛巾。还没等我多说什么，她就大发雷霆，厉声说道："这架飞机上有452位乘客，我在竭尽所能为大家服务，你等一下吧。"她防御性的口吻让我感到困惑，我们静静地四目相对，我意识到她根本没想到我是打算帮忙的，于是平静地告诉她："我是希望要一条湿毛巾把酸奶收拾干净。"她犹豫了一下，我也不知道她是否听到了我说的话。然后她扬起了眉毛，转身拿来一条毛巾。空姐推着车离开后，我又看了看我的邻座，他还是目不转睛地看着窗外，左脚一动不动，右脚藏在座位下面。

我开口对他说："我曾经很喜欢坐飞机，但现在觉得坐飞机好难。"我告诉他，前几年我都看不清东西。他仍然望着窗外，告诉我8个月前他中风了，现在从指尖到肘部，双臂都没有感觉，却飞越了半个国家去到他儿子家里。他说话声音很小，我要凑过去才能听到。他说："自从中风后我还会大小便失禁，必须穿尿不湿。"我会心地点点头，觉得这种偶然的座位安排真是巧了。我说："我做了回肠造口术。"他转过身来看着我，问那是什么。我解释说我的大肠已经被手术切除了，我在腹部侧面戴了一个塑料器具来收集部分消化的食物。我补充说："即便已经戴了30年，我还是担心它可能会漏，坐飞机的时候尤其担心。"沉默片刻后，我们微笑看着对方。然后他看到我拿着毛巾，我则低头看了看他的脚。在我们交谈时，他已经把右脚从座位下面伸了出来。我用毛巾示意，表示想帮他擦干净鞋子。就在我跪在地上帮他擦鞋子的时候，他微微前倾告诉我：“我以前是拉小提琴的。”

我把毛巾还到厨房，两名乘务员向我道谢。后来一名乘务员给我端来了可乐，又再次向我表示感谢。之后一切如常，但当我下飞机时，机长站在机舱门口，我像往常一样对他笑了笑，点了点头，但他拦住了我说“谢谢”，然后往我手里塞了个东西。走在廊桥的途中，我看了看，那是航空公司在结束飞行后经常送给孩子的小礼物，一枚机翼形状的别针。

机组人员每年与数十万美国人打交道，而我这一简单的善举，让他们那么惊讶，这一现象实在令人心寒。也许现在的美国人不像以前那么善良了，大家似乎对他人的苦难越来越麻木，对自己的苦难感到羞愧。然而，活着就一定会有痛苦，人人都会经历苦难。苦难并不是让我们变得脆弱的原因，人之所以变得脆弱是因为彼此分离。

一位患者曾告诉我，他为了让自己快乐，试图忽视自己和他人的痛苦。但对痛苦感到麻木并不能让我们快乐。如果感受不到痛苦，也就同样感受不到快乐。

以心观之

用心去看待我们的人会看到我们真实的样子。那些能够用心看待我们的人会重视我们的独特性，同时让我们变得了解并重视自己。我第一次被用心去看待时年纪还小，可能才3岁。那是我第一次去见我的教父。因为他住在另一座城市，我以前从未见过他，直到他快去世时，母亲告诉我要去见生命垂危的教父。但我当时年纪还小，对时间概念理解有误，还以为要去看一个已经死去的人，期待了好几天。

我还清晰记得这次见面的细节，尤其是教父的那张床。那是一张深色木雕床，很高，高出我的视线。母亲把我抱起来看他，一位老者躺在枕头之中，闭着眼睛。他一动不动，那么瘦弱，被子都没怎么被他撑起来。母亲把我放在教父身旁，靠着墙，她轻声和我说着什么，但我没在听，只是饶有兴趣地看着教父。后来教父的女儿在厨房里叫我母亲，她转身走了出去，看看发生了什么事。就在这片刻，教父睁开了眼睛，看着我。

我还记得他的眼睛多么蓝，多么温暖。他低声叫我的名字，似乎想说什么。那时年幼的我已经知道窃窃私语意味着秘密，所以我靠过去听。他对我笑了笑，笑得那么好看，然后说："我一直在等你。"

我的家人都是知识分子，他们举止正式，表现得彬彬有礼，不喜欢公开表达爱意或情感。教父的眼睛和笑容里充满了爱和欣赏，我第一次深切感到自己受到了欢迎，得到了重视。他的手放在被子上，仍然面带微笑，朝我这边挪动了一下，然后闭上了眼睛。过了一会儿，他深深地叹了口气，然后又一动不动了。我继续坐在那里回忆他的笑容，直到母亲回来。她仔细地看了看教父，然后一把把我从床上抱起来，跑出了房间。原来教父已经去世了。

教父去世时，我独自一人与他待在一起，我的父母对此感到深深的不安。那还是20世纪40年代，他们甚至咨询了一位儿童心理学家，想要帮助我治愈"创伤"。但我的经历并不像他们想象的那样。多年后，我才告诉父母我当时真正的经历，并告诉他们这对我来说有多重要。

让关爱被看见

不同的癌症患者们常常告诉我同一件事，住院和治疗的过程会让他们觉得异常孤独。我觉得这种孤独感甚至可能影响他们的求生欲。当人们感受到来自他人的支持时，许多人可以以更大的力量去面对未知的事物。所以在患者需要支持的时候，我常常举办一些仪式来帮助他们。

我会在患者接受放射治疗、化疗或手术之前，为他们举办一个非常简单但有力量的仪式，这一习惯持续了二十多年。我建议他们在手术前一天与最亲密的朋友和家人见面，人数的多少并不重要，重要的是，那些人必须是与他们心意相连的人。

我建议他们在见面前找一块普通的石头，大地的一部分，石头大小要刚好可以握在手里，然后把它带到见面会上。仪式开始时，我让大家围坐一圈，不需要刻意按顺序，每个人轮流分享自己面临危机的故事。他们可能会谈起重要的人去世，自己失业或失恋，也可能是自己生病。说话的人要手握患者带来的石头。讲完之后，分享的人还要反思一下是什么品质帮助他们度过了那段艰难的时期。他们可能会说“是决心帮我渡过了难关”“帮我渡过难关的是信念”或者“幽默让我渡过了难关”。说出这些给予他们力量的品质后，他们要直接对即将接受手术或治疗的患者说“我已为你将决心赋予这块石头”或者“我已为你在这块石头上种下信念”。

人们分享的故事往往出人意料。有年轻时经历的危机，也有战争时期的遭遇，其他人，哪怕是家庭中的一员，可能以前都没听他们提起过。对于为什么能活下来，他们通常提到的原因都是一些大家不会将其视为优势的品质。这种见面会通常感人而温馨，所有参加会议的人都表示深受鼓舞。每个人的发言结束后，石头回到患者手里，患者会带着它去医院，放在自己身边，遇到困难时将它握在手中。

还有一些患者在接受化疗、放疗，甚至手术时，会用胶带将石头绑在手掌或脚底。

经过这些年，我的许多肿瘤学家和外科医生同事都从患者那里听说了这些石头的故事，他们会小心翼翼地对待这些石头。有一次，外科医生甚至让工作人员寻遍医院的洗衣房，只为找到一块在康复室里不小心和床单一起被扔掉的石头。我问那位医生为什么这么做，他笑着说：“我见过病人术后恢复不佳，甚至没有任何原因地死亡，唯一的原因就是他们自身的求生意愿不够强烈。所以我不能放过一切可能帮助他们恢复的因素。”

事实上，每位患者在接受化疗、放疗或进入手术室时，都带着家人朋友的关心、希望和期盼。一块小小的石头只是让他们更清楚地看到这些，让他们想到自然的力量和美丽。在一个高度技术化和无菌的环境中，石头将他们与地球联结起来。仪式是用于调动群体力量进行治疗的最古老的方式之一，它使群体的关爱变得可见、有形且真实。

治愈无时效

伊扎克是一名幸存者。1945年，他从集中营中被解救出来，来到美国，努力工作和学习，现在成了一位受人尊敬的物理学家。他一开口就让我心生欢喜，他的斯拉夫口音让我想起家里的一些长辈。两年前，他被诊断出患有癌症，现在来参加我们的癌症患者静修活动，希望能用自己思想的力量，也就是他最信任的那一面击退病魔。

在公益静修活动中，大家会有比较多的肢体接触，伊扎克起初还不太习惯。一开始他觉得有些不安，用他的斯拉夫口音问："这是干啥？为啥要拥抱？陌生人也要抱？干啥呀？"尽管这样，他还是会让我们拥抱他，不久之后，他也开始拥抱我们。

公益静修活动为期一周。到了第4天，由每日瑜伽练习慢慢产生的内心的平静已经变得非常深入，并且经常会出现顿悟，有时这种平静会让人们第一次找到真实的自己。

活动进行到第4天，在晨间冥想中，伊扎克产生了一种感受。他似乎通过紧闭的眼睑，看到一束纵深的粉红色的光，十分美丽柔和。他吓了一跳，意识到这道光围绕着他，以某种神秘的方式从他的胸口射出。他后来向我们说起这种感受，他说这就像置身于一朵大玫瑰中。这非常感人，因为他的姓氏在波兰语中的意思是“小玫瑰”。

然而，就在那一刻，他被吓坏了。他意识到那束光是有方向的，它“像大出血一样”从胸部倾泻而出，似乎源于他的心脏，这让他感到没有安全感。

伊扎克从集中营中幸存了下来。多年来，他似乎生活在一个充满陌生人的世界里。他内心充满了爱，但从小的经历让他非常谨慎地对待自己的内心，只爱亲近的人、只爱家人。这种生活方式让他感到更安全，直到现在都是这样。但这种谨慎的生活方式背后是他的恐惧。现在他第一次开始感受到这种恐惧，这让他感到不太舒服。

静修活动的工作人员没有区别对待他的不适，没有试图修复这种感觉，也没有敷衍搪塞或进行解读，而是饶有兴趣地倾听，并继续支持他，鼓励他自己弄清其中的意义。在接下来的几天里，他似乎更加放松了，变得更加坦率。

星期日，在静修活动的最后一次课程中，我准备对整个活动进行总结收尾。我知道伊扎克对自己的经历感到不安，所以询问他情况如何。他笑着说：“好多了。”然后他向我们讲述他前一天在海滩上散步的事。他在意识中与老天爷交谈，问他这一切是怎么回事，老天爷安慰了他。我受到了触动，问他听到了什么。他又笑了笑，说：“瑞秋，我问老天爷是否可以爱陌生人，他倒反问我：‘伊扎克，什么是陌生人？陌生人是你定义的，我可没造陌生人。’”

治愈没有时效。40年前，由于他的生活经历，伊扎克关上了他的心，就像安娜成为孤儿时一样。现在，当他寻求治愈身体的方法时，他也开始治愈心灵。在挣扎着度过治愈创伤这期间，我们可能会调整自己，改变生存策略以帮助自己渡过难关。但在遇到危及生命的疾病时，我们会重新审视这种生存策略，也许会让自己得到解脱，第一次体会更充实地活着的感觉。

我们之间的东西

人与人之间很容易就会失去彼此。我的一位患者描述了在他患癌症之前，他和儿子的相处模式。“我们会去徒步登山，在艰难的攀登过程中，我们并肩作战，双方都专注于登顶。然后我们会走另一条路下山，回到车上，然后开车回家。这样的经历很多，但回想起来，我只是清晰地记得攀登的过程，却不记得我们对彼此说过什么。”

这位患者描述的情况在儿童心理学中被称为“平行游戏”（Parallel Play），是两到三岁孩子的正常游戏模式。在这个年龄段，孩了们在同一片沙坑玩耍，甚至玩相同的玩具，但他们是独自玩耍，在彼此身边玩，却不一起玩。与其说他们相互关联，不如说他们与一项同时在进行的共同活动关联。

这位患者说，他现在与儿子的相处方式完全不一样了。“我现在也做不了什么了，所以我和儿子只能坐着聊天。我会问儿子的生活情况以及他的感受。我第一次知道什么对他来说很重要、他是一个什么样的人、是什么让他坚持下去。因为和他聊过，我才知道我对他来说很重要。他想和我在一起，并不是因为想和我一起做些体育活动。有时候只是简单地坐在一起就很好。这些‘山’横在我们之间，我以前并不知道。”

许多人都在这样活着，与他人住在一个屋檐下，一同工作，组建家庭，却没有真正联结。即便身处家庭，在自己家中，也可能会感到孤独。医疗工作也常常是这样，患者和医生并肩作战，专注于疾病、症状和治疗方法，却从不了解对方。我们都以解决问题为目的，导致每个人都是孤独的。

意义的力量

急诊医生哈里分享了这样一个故事。一天晚上，他在繁忙的急诊室值班，一位即将分娩的女士被推了进来。护士们迅速把她推进一个房间，并立即叫来哈里。哈里一直在隔壁的房间里。他进去时，护士们急匆匆地从他身边经过，去给这位女士的产科医生打电话。哈里看了一眼这位女士，意识到此时打电话已经来不及了，如果她的产科医生此时不在这幢大楼里，哈里就要帮她接生了。他喜欢接生，所以很高兴。此时护士们已经回来，匆匆打开待产包。女士的丈夫也赶到了，护士让他坐在妻子枕边，然后护士站在哈里的两侧，支撑着女士的双腿，孩子随即呱呱坠地。

女婴还未与母亲完全分离时，哈里把她放在自己的左前臂上，左手托住她的后脑勺，右手拿着一个吸球，开始清除她的口鼻黏液。突然，婴儿睁开眼睛，直视着他。在那一刻，哈里忘记了自己的职业，意识到一件非常简单的事：自己是这个女婴见到的第一个人。他感觉自己似乎是在代表全世界在欢迎她的到来，他热泪盈眶。

哈里接生过数百个孩子。他一直很享受接生带来的挑战，快速决策的兴奋让他感受到自己的能力。但他说，他以前从未体会到这件事情的意义。他觉得从某种意义上说，这是他接生的第一个孩子。以前，他只是专注于分娩的技术，评估需求和危险并想办法应对，可能都没去注意婴儿睁开眼睛，或意识到婴儿的表情意味着什么。他只是一个医生，而不是“人”。而现在，他感受到自己既是医生也是一个普通人。他还想知道他曾经错过了多少这样的与生命联结的时刻，也许有很多。

个人一旦意识到一件事情的意义，将极大地影响他的工作、人际关系甚至生命体验，这种力量怎么高估都不为过。维克多·弗兰克尔（Viktor Frankl）写过一本关于集中营的开创性著作《活出生命的意义》（*The Search for Meaning*），书中写道：生存本身可能取决于寻找和找到生命的意义。在集中营里，那些能够在苦难中找到意义和目标的人，比那些认为苦难毫无意义的人更容易在剥削和暴行中幸存。

从事着难度较大的工作或生活比较艰苦的人十分有必要寻找工作和生活的意义。意义会给予你力量。医生往往会从医术上寻求力量。事实上，医术和专业知识是医学亚文化以及社会中最受尊敬的两个品质。尽管它们很重要，却不足以支撑一个医生。

一位伟大的意大利精神病学家罗贝托·阿沙吉欧力（Roberto Assa-gioli）写过一个寓言，讲述了14世纪建造大教堂的三位石匠的故事。故事中可以看到个人对意义的感知会影响他们的工作体验，而今天的我们也会受到同样的影响。故事中，当他问第一位石匠在做什么时，这位石匠苦涩地回答说，他正在把石头切成30厘米乘30厘米乘23厘米的石块。他沮丧地说自己一直在重复这一工作，而且要一直做，直到死去。第二位石匠也在把石头切成同样大小的石块，但他的回答有些不同。他热情地说，他正在为心爱的家人赚钱养家。这项工作让他的孩子们有了衣服，能吃到食物，茁壮成长，他和妻子有一个充满爱的家。到了第三个人，他的回答让人有些感慨，他开心地说自己很荣幸能参与建造这座大教堂，这座教堂如此坚固，将成为一座屹立千年的神圣灯塔。

这个寓言中重要的一点是，三位专业的石匠都在做同样重复的体力活：切割石头。同样，哈里接生了一个又一个孩子。能力会给我们带来满足感，但在熟悉的任务中找到意义往往会让我们超越它，在最常规的任务中体会深深的喜悦甚至感激之情。

传 承

我们不仅失去了人与人之间的联结，也脱离了传统。

一天下午，我和一位朋友聊天，这位修行者说他特别感激自己的师父们，他说佛陀生活于2500年以前，自那以来佛教智慧一直在传承。他能体会到传承的连续性，能够从直觉上感受那些将智慧传递给他的人，对此我深受触动。他在交谈快要结束时说的话尤其让我印象深刻，他说："瑞秋，传承就是我们的力量。"

作为一名医生，对于传承我从未想太多。我们目前拥有的来之不易的诊断和治疗技术工具，这些都让我感到非常自豪，而以前的技术则被视为原始、过时的。计算机时代的心态就是这样，总觉得事物很快就会过时。

第二天，我去医学院上课，教学楼位于山顶，是一组相互连接的巨大白色建筑。学生对医学的未来进行了激烈的讨论，管理式护理的出现让大家感到焦虑，时间压力和财务方面的考虑则可能不利于提供优质护理，医学还可能遭到政府的控制和大企业的干预。而我又想到了传承，并向医学生们讲述我的想法。

我提醒大家，我们的医疗中心致力于教学、研究和服务，与医学之父阿斯克勒庇俄斯的神庙有着直接而完整的渊源。阿斯克勒庇俄斯神庙是全球第一个医疗中心，也坐落于一座小山上，来自世界各地的人们在这里进行研究，揭开治愈的秘密，同时得到治愈。这一时期的著作没有留存下来，已知最早的关于神庙的描述是在西塞罗的著作中发现的，他指出，在神庙的中央庭院里矗立着爱神维纳斯的雕像。我提醒学生，尽管医学拥有强大的技术力量，但它不是一个技术型事业，行医是一种特殊的爱。我告诉他们，这种传承也可以成为医学的力量，也能帮我们治愈患者。

有些东西永远属于你

十几年前，一位85岁的鳏夫来找我咨询，我们讨论了他对肺癌手术的想法。他的肺部癌变仅出现在一个肺叶上，所以他也不确定要不要做手术。他十分苦恼，迟迟做不了决定，慎重审视不同选择后，尽管有风险，他还是决定要做手术。做好决定后，他就来问我手术后能做些什么来促进康复。

我们谈到了运动和饮食，我告诉他还可以吃中草药和做针灸。出于好奇，我问他是如何做出这个艰难的决定的。他说几周前，他做了一个梦，晚上他一直坐在椅子上看报纸，看着看着就快要睡着了，恍惚中觉得妻子仿佛和他坐在一起，她看起来和他们当初恋爱时一样年轻。妻子看着他时，眼里充满了爱，这深深打动了他。和妻子坐在一起时，他能感觉到自己不那么害怕了。然后他看到一个老朋友也走进了房间，站在他妻子的椅子后面，他的脸上充满着对挚友的爱。当他对这位朋友微笑时又看到他的哥哥也站在一旁，眼睛里同样充满了爱。

就这样一个接一个，所有用爱打动过他的人，家人和朋友、老师和学生、孩子和孙子，甚至家里的宠物都出现了。他这漫长的生命中有许多重要的人，最终有五六十人挤在客厅里，连走道里都是人。这个梦让他知道自己的生命对许多人来说很重要，而且现在仍然重要。他不再是独自做决定的人，他感到恐惧得以释放，进而意识到手术对他来说是正确的选择，无论他是否能活下来。

听到这里，我热泪盈眶。看着这位可爱的老先生，我能想见他的生命对那些与他相识的人来说意义重大。我告诉他："这真是个美好的梦。""是的，"他说，"他们大多数人都已经去世了。"看到我惊讶的表情，他笑了。我说："我想，你曾经得到的任何好东西永远都属于你。"他点点头，然后静静地坐着，面带微笑。

所有的生命都会触动许多其他的生命，这个网络有时很大，有时很小，但其中一定要有爱才能支撑我们生存下去。这不是数量多少的问题，有时这种爱只来自一个人。我经常问病人，谁的爱支撑他们生存下去。一个从小生活在酗酒和虐待的家庭中的男人说，是他的狗。

第六章

拥 抱 生 命

Embracing Life

在我小的时候，客厅的一张拼图桌上一直放一幅巨大的拼图。这是父亲想出来的主意，他还把盒子上的提示藏起来，想让大家在不提前知晓全图的情况下将这些碎片拼起来。所有家庭成员和来访的朋友会尝试拼一拼，有时只是拼几分钟，直到几周后，成百上千的碎片都找到了属于自己的位置。

多年来，我们完成了几十幅这样的拼图。我也变得特别擅长拼拼图，经常一眼就能看出某块碎片应该在哪里或者两组碎片应该如何拼接，这让我有点小满足。我特别喜欢那种找到第一个线索的感觉，然后就能顺藤摸瓜，一直完成整个拼图。

这张拼图桌是父亲送给母亲的生日礼物。父亲把桌子组装好，兴高采烈地把第一幅拼图的碎片从盒子里倒到桌面上。我当时才三四岁，并不理解母亲的喜悦。他们没有告诉我怎么玩这个游戏，应该是觉得我还太小了还玩不了。但我也很想玩，即使才三四岁。

一天清晨，我独自一人在客厅里，爬上一把椅子，把桌子上数百块散落的碎片摊开。这些小小的碎片有些颜色鲜艳，有些又黑又暗。深色的碎片看起来像蜘蛛或虫子，丑丑的，还有点吓人，让我觉得不太舒服。于是我收集了一些这种深色的碎片，爬下椅子，把它们藏在沙发垫下。后来那几个星期，每当我独自一人在客厅时，都会爬上椅子，拿几块深色碎片，把它们藏到垫子下。

所以这第一幅拼图花了大家很长时间才完成。失望之下，母亲终于数了数这些碎片，才发现缺了一百多块碎片。她问我有没有见过这些碎片，我告诉她我不喜欢那些碎片，就把它们藏起来了。母亲找出被藏起来的碎片完成了拼图。我记得我看着她完成整个拼图的过程，当一块又一块深色碎片被放置到正确的位置时，出现了一个画面，我惊呆了。我不知道它们会拼成一幅特别漂亮的画，那是一片宁静的荒芜海滩。缺了被我藏起来的部分，这个游戏就失去了意义。

也许只有无条件地热爱游戏才能获胜。生命提供所有碎片。当接受生活的某些部分却否认、忽视其他部分时，我只能看到生命的某个片段，比如成功或庆祝时刻的快乐，或者我极力逃避的失去或失败的痛苦。但就像拼图中的深色碎片一样，这些让人难过的事尽管会带来痛苦，却是整个生命不可或缺的部分。对于那些被藏起来的碎片，我甚至不想多看一眼，但每一个碎片都是生命的馈赠。

人生就像在不知道全图的情况下拼拼图。我曾和许多正在经历失去与悲痛的人在一起，在这些生命片段中看到了意想不到的意义。随着时间的推移，这种意义逐渐被证实为持久的、可信赖的，甚至带给生命巨大的变化。逃避痛苦的人永远体会不到这种力量。

这些年来，我看到了无条件拥抱生命的力量。我很惊讶地发现，自己开始愿意面对生命中出现的一切，并不希冀改变注定要发生的事情。我的许多患者似乎也获得了这种对生命的理解。

当人们开始以这样的态度面对生活时，就会变得充满活力，珍惜当下。他们遭遇的失去和痛苦没有使他们拒绝现实，没有使他们怨恨，也不会让他们觉得自己是受害者或陷入痛苦。正如一位感染艾滋病的朋友所说：“我放下了我的偏好，只是用心感受当下发生的奇迹。”又如另一位患者所说：“与其胆战心惊地行走在冰面上，不如翩翩起舞。”

从这些人身上，我对“喜乐”有了新的认识。我曾认为“喜乐”等同于“幸福”，但现在发现它似乎远没有幸福那么脆弱。喜乐似乎是无条件拥抱生命的每一部分，不会因为生命没有满足我们的偏好和期望而退缩；喜乐是一种全盘接受的意愿，愿意面对生命中发生的一切。喜乐会让人变得无比强大，不会执着于任何特定结果。充满喜乐的人不再为特定结果而战，不会受到失败和失望的纠缠，纵有可能失去却仍然热爱生命，对他们来说，游戏的输赢并不重要，参与的过程才最重要。

愿意接受或输或赢的结果，我们与生命就不再是敌对关系，并能拥有强大的开放心态。这样的态度让我们能更投入地享受生命，不再仅仅享受愉快的生活、舒适的生活或我们憧憬的生活，而是所有生活。比起“幸福”，“喜乐”似乎让人更有活力。

多年来，我在我的许多患者和我自己身上发现了一种力量，像是一种好奇心。我的一位同事称之为无畏。当然，在某种程度上，我和其他人一样害怕结果。但我越来越能够自如地面对结果，体验一种超越对结果偏好的感受，体验一种超越生死的生活，达到一种充满自由、期望的境地。站在这个角度做出的决定来自对生活的肯定，而非恐惧。这是一种恩典。

当我们可以放弃个人偏好时，就将自己从输赢思维和由此产生的恐惧中解放出来。球队正是抱着这种自由的心态才能参加超级碗（Super Bowl）[①]。处于与生活敌对的立场不会让你变得强大。与其控制生活，不如自由生活。相比恐惧，自由的心态让你更强大、更明智。

这就涉及一个根本的悖论。我们越不执着于生命，就会变得越有活力。我们对生活的偏好和期待越少，就越能深切地体验和参与生活。这并不意味着我对葡萄干吐司和蓝莓松饼不能有自己的偏好。而是我不会因为早餐吃不到葡萄干吐司就不愿意起床，或者就一整天都不开心。拥抱生活可能更多在于去品尝，不论是葡萄干吐司还是蓝莓松饼；更多的是相信自己有能力从新的一天和这一天的经历中感到喜乐；更多的是冒险，而不是执着于自己的意愿。

① 美国职业橄榄球大联盟（NFL）的年度冠军赛。

登　顶

母亲80岁生日的前两天，我问她想怎么度过自己的80岁生日。她说："我想爬上自由女神像。"我说："不是有电梯吗？"母亲看着我说："我想爬楼梯。"

她在纽约生活了将近80年，却从未登顶自由女神像。她还清楚记得自己从俄罗斯坐船到达纽约港时第一次看到自由女神像时的场景。那时她才5岁。如今的她有严重的心脏问题，而且登顶需要爬342级台阶。我却不知天高地厚，觉得可以爬三到四级台阶就休息一下，给她服用硝酸甘油，预留一整天时间慢慢爬。听我这么提议，母亲很高兴。

在6个小时的登顶过程中，我多次产生疑虑：我怎么会做出这么疯狂的事，带着一个患有严重心脏病的80岁老人一起爬自由女神像？但这是她的愿望，所以我们继续攀爬，走几个台阶就休息一下。她中途可能有过心绞痛，但凭着钢铁般的意志坚持着。整个过程中无数人从我们身边经过。

最后，我们真的离登顶只有六七步之遥了。我们站在那里，进行了大概第三百次休息，母亲怨恨地注视着她和目标之间的最后几步，说：“为什么没有早点来呢？”

现在回想起这个故事，我还记得自己也很讨厌攀爬的过程，讨厌要获得宝贵的理解后才能领悟如何好好生活。在摆脱旧的生活方式获得自由的斗争中，不受风格或自我期望的限制、不担心他人的想法是多么重要。去做你认为真正重要的事，即便爬三步就要休息一下。

我从未许诺给你一座玫瑰花园

我家后院位于美国北加利福尼亚州塔玛珮斯山的山坡上，实际上是一片很小的草地。每年的夏天和秋天都会有一只雄鹿在黎明和黄昏造访。对于在曼哈顿长大的人来说，这可是件稀罕事。去年它的鹿角上大概有四五个尖角，而今年长到了6个尖角，美得让人心醉。

事实上，我可没想过会有雄鹿来，我本来打算种一院玫瑰的。搬到这里的第二年，我种了15丛玫瑰，这是朋友送给我的礼物。种花可不容易，但我已经脑补了鲜花盛开的画面，就像《日落》(*Sunset*)杂志[①]里的一样。晚春时玫瑰开花了，一个月里，后花园里一派欣欣向荣的景象。然后玫瑰开始消失。我十分困惑，后来才意识到有比蚜虫更大的东西在吃玫瑰，并决心当场抓住它。一天黎明，我起床瞥了一眼窗外，第一次看到这只雄鹿，我惊呆了。它看起来就像我童年时的一本书中的插图。我敬畏地看着它不慌不忙地穿过院子，在玫瑰丛中

① 美国杂志，内容涉及旅游创意、家居设计和园艺灵感以及节日食谱。

徜徉了一会儿，然后小心翼翼地吃了一朵我的伊丽莎白女王[①]。

从那以后，我每年都要做一个艰难的决定。加高篱笆保住玫瑰，还是在离后门3米远的地方养一只雄鹿？到目前为止，我每一年都选择了雄鹿。前两年我们都是隔着玻璃窗相望，现在我可以坐在院子里看它觅食了。

我跟别人说起这件事时，有些人难以置信地问："所以你就让这只鹿吃你的玫瑰？"我有时会邀请他们过来看。一位朋友看到这一幕后惊呆了，沉默了一会儿后说："我们总是会因为错误的原因做出正确的事。"我种植玫瑰本是为了得到玫瑰，现在看来，实际上是为了每天早晚与这只神奇的动物静静地待上半个小时。

一位患有卵巢癌的女士告诉我："生病之前，我对一切都很确定。我知道自己想要什么、什么时候想要。大多数时候我也知道应该做些什么才能得到它。我伸出手走来走去，说'我想要一个苹果'，但很多时候，生活会给我一颗石榴。所以我总是很失望，甚至看都不想看它一眼。事实上，我可能根本就没办法看清那是什么，只是把世界分为两类：'苹果'与'不是苹果'。如果不是苹果，那就不是我想要的。我只会看到'苹果'。"

拥抱生活实际上是一种选择。当我问另一位患者她的丈夫是个什么样的人时，她笑着讲了他们家的一次夏威夷之旅，这个故事已经成为她家的一个神话。她丈夫是个做事有条理、节俭的男人，提前几个

① 玫瑰品种。

月就预订好了在4个岛上要租的小型汽车。当他们抵达夏威夷大岛向租车公司出示预订信息后，却被告知预订的经济型汽车没有了。她惊恐地看着丈夫准备争论的样子，他满脸通红。但店员似乎并没看到，并接着说："很抱歉，先生，你能接受换一台同样价格的车吗？我们有一辆野马敞篷车。"她丈夫立即答应了，把行李放进这辆漂亮的白色跑车就开走了。

整个假期，他们不断遇到这种事。他们归还汽车飞往下一个岛屿，却再次被告知预订的汽车没了，并以相同的价格换了辆车给他们。她说特别神奇。先是野马，后来是一辆马自达MR-10，再是一辆林肯城市轿车，最后是一辆梅赛德斯，而且每次店员都很真诚地表示歉意。这个假期过得特别美好，在回家的飞机上，她向丈夫表示感谢，谢谢他安排了这样一段难忘的时光。她丈夫开心地说："是啊，真美好，可惜他们总是没有我们想要的车。"他真的是这么想的。

健康的人才能享受生活

我的一位病人患有慢性疲劳综合征，她花了好几年时间寻求缓解症状的方法，到处寻医问药，执着于身体上哪怕是最细微的症状，还会进行每日记录。但她现在已经不这么做了。她以前的想法是，身体要完全健康才能享受生活，去剧院，生孩子，去爱人。就好像只有健康的人才在生活，才能生活。在冥想中，她意识到，影响她参与生活的并不是慢性病，而是她赋予疾病的意义，她认为生病了就无法好好生活，这种想法远比疾病本身会更束缚她。她惊讶地意识到，即便感到虚弱或疼痛，她还是可以去剧院的，只是可能需要更长的时间才能入座。如果在观影期间她感觉很不舒服，可能得提前离场，甚至可能要错过最后一幕。什么都有可能发生。而她对疾病的理解却导致她错过了整部戏。

她不再像以前一样执着于完全恢复健康，而是尽可能以简单、自然的方式增强体质。她不再每周看四五个医生，而是只有在遇到严重问题时才咨询医生。她发现，以开放的心态去接受不确定的结果，她能做的事比自己想象的多得多。她笑着说，她已经替换了内心背景墙上的十字绣绣品。她曾认为："只有健康才能享受生活。"但现在她知道："就算半途而废，一切也都值得。"

看得见风景的房间

我有一位患者接受了一年的强效化疗，最后一次化疗结束后，她与丈夫一起去了旧金山过夜庆祝。她的肿瘤医生曾试图劝阻她。医生认为她还太虚弱，去了旧金山也没有体力看风景，去不了餐厅，也无法参加大都市里的任何大型活动，这趟旅行根本就没有意义。他想不通，既然她什么都做不了，为什么还要去。他建议再等几个月，等她身体再强壮一些再去。但她和丈夫还是走了，住在一家很好的酒店里。

事后，我问她这次出行怎么样。"太棒了。我们一去就订了客房服务。服务员把餐品送进房间，那桌子上铺着1厘米厚的桌布，相当讲究。我终于不用吃病号餐了。精致的酒杯，雕刻成小花的黄油，还有食物，一切都是那么雅致。我们坐在漂亮的房间里，俯瞰着一个小公园，吃着美味的食物，赤身裸体，享受假期。之后我们泡了很长很长时间的热水澡，用完了浴室里的每一条毛巾，又大又厚的毛巾，一共12条。我们还用完了那些小瓶子里装的香香的洗浴用品。我们又看了两部电影，几乎吃光了小冰箱里的东西。我们还穿着浴袍坐在外面的露台上，看着月亮从城市上空升起。然后我们又把酒店藏在橱柜抽屉里的所有枕头都找出来了，睡在有8个枕头的特大号床上。第二天，我们又看了日出，这一天实在太充实了，太棒了！”这个大部分时间都在酒店房间里睡觉的女人开心地说。

关于放手的三个寓言

寓言一

我劝了父亲好多年，想让他买一张新的客厅沙发。年复一年，那张绿色的旧沙发变得越来越破旧，最后坐在上面都不安全了。我觉得很难堪，就从梅西百货电话订购了一张新沙发，并告诉了父亲。我把沙发照片发给他们看，说如果他们喜欢的话，沙发星期五就会送达。他们说很喜欢。星期六我打电话问他们新沙发怎么样，父亲却不好意思地告诉我他已经取消了订单。原因是他不知道该怎么处理那张旧沙发。我提议打电话给梅西百货，让他们把旧沙发拖走。父亲说在纽约没有这项服务。

“那慈善机构呢？”显然，慈善机构只接收还能出售的东西。这个破沙发谁会要？我很沮丧，又建议在黄页上找一个搬运工，但是爸爸不想让陌生人进我们家。

最后我也无计可施。父亲不习惯丢弃任何东西，所以他没能接受我的礼物。几年后的一个晚上，那张旧沙发自己塌了，它就那样一直摆在客厅，直到父亲去世。父亲去世后，我就把母亲接到加利福尼亚州和我一起住了。

寓言二

我在旧金山郊外一座山脚下有一座小小的A字形木屋。刚买的时候它又窄又破，第一个来我家的朋友看到它时脱口而出："哦，瑞秋，这就是你买的房子？"我搬进来的第二天就开始扔旧东西，之后几年里，我又扔掉了各种各样的东西：灯具、马桶、楼梯、门。最后甚至拆除了一部分天花板和墙壁。

这所房子曾属于一个为自己的修理能力感到自豪的人。墙破了一个洞，他就会随手拿起一块可用的木板钉在那里。他的妻子想要架子、门或木制平台，他就会按妻子的意思进行安装。这些东西都被我扔掉了。

奇怪的是，我扔掉的东西越多，似乎得到的也越多。我后来租了4个大的农场用箱子，装满了我不要的东西。每当我扔一件东西，就可以想象父亲会说："等一下，这个还能用，你以后可能会需要这些东西。"就这样，房子变得越来越简洁、空旷，基本形制的美丽结构线条也得以展现，有了充足的光照。最后它只是一间完整的房子，我把它涂成了白色。

寓言三

简的狗总是寸步不离地跟着她。这是只棕色的狗，性格温顺、忠诚，晚上甚至睡在简的床上。它的忠诚也得到了充分的回报，它寿终正寝时，简说自己可能不会再养狗了。她果然好几年没有养狗。

那几年我经常去她住的小镇看望她。星期日下午，我们会一起走到海滩。途径街区时，遇到遛狗的人，她就会停下来拍拍狗绳，流浪狗也会高兴地走过来迎接她。每只狗都被温柔地抚摸，还能得到一块狗饼干。

有一次我问她是否想念她的狗。她说："想啊，非常想。"但她又说自己有种奇怪的感受。当她养狗时，有两种狗：她的狗和其他狗。但现在好像所有的狗都是她的狗。

没有始哪有终

我35岁时才明白，没有开始就不会有结束。开始和结束总是相互对立的，不开始就不会结束，不结束也不会有开始。要更好地记住这个道理，应该使用诸如“终始”（Endbegin）或“始终”（Beginend）这样的词。

我以前从未注意到事情是如何开始的。直到我进入人文医学研究所，加入米勒夫妇在伊莎兰进行的研究项目时才发生了变化。当时，我正在学习如何制作珠宝，我铸造了一枚银戒指。我将戒指设计成一个女人的头，她的长发上点缀着星星，缠绕在手指上，构成戒环。它的铸造工艺很难，我为自己的这个设计感到骄傲，并及时将它铸造完成，就是为了戴上它参加伊莎兰的第一个周末课程。

上课时，很多人注意到了这枚戒指，大加赞赏。当时，许多工艺大师都住在伊莎兰，于是有几个人说沿着海岸往回开几公里，就在我们来的路上有个珠宝陈列馆，他们建议我开车过去让那里的珠宝商看看我的戒指。

当时就要下雨了，但我还是去了，那个下午过得很愉快。珠宝商是一位温文尔雅、有天赋的艺术家，我们一边喝茶一边聊天，聊到了美，还聊到艺术如何启迪人类心智，聊了大约一个小时。我这个年轻的学术医生十分兴奋。最后，我把戒指给了他，让他可以进行复刻并卖给别人。我艰难地沿着一号公路开车返回。下起了很大的雨，风也很大，我感觉车都被风推着走。

那天夜里，一场凶猛的风暴袭击了海岸，这是最后一场冬季风暴了。第二天早餐时，没有电也没有暖气，我听说了一个令人震惊的消息：我们出不去了。伊莎兰以北的一号公路已经坠入大海。我们必须向南行驶数公里，然后向内陆行驶，才能向北绕回旧金山。

那个珠宝陈列馆就在那条路上，被冲进了太平洋。陈列馆不见了，我的戒指也不见了。

我整个人都呆滞了，内心仿佛听到好几个声音在评论我的损失。父亲的声音最大，他说："你看看，你让一个完全陌生的人利用你，企图从你的设计中获利，结果发生了什么！你怎么这么蠢啊，你不是医生吗？"母亲说："你也太不小心了！就是不能把有价值的东西交给你，总是丢三落四的。"其中夹杂着我自己年轻的声音，我看着我手上昨天戴着戒指的地方，说："戒指呢？昨天还戴在这里啊。"

我痛苦地走到悬崖边，站在那里看着太平洋，昨日的风暴还未完全停歇。我的戒指就在海里。当我看着海浪拍打悬崖时，突然意识到这一切都是自然发生的，甚至是不可避免的。数百万年来，地球上的土地不断沉入这片大海。也许所有那些熟悉的指责声都是错的。这一切与个人无关，只是更大的力量在发挥作用。

我又看了看手指上戴戒指的地方，现在是一大片空白，寂静无声。面对失去，我第一次充满了好奇。

会有什么来填满这片空白？再做一个戒指？或者在二手店，甚至在另一个国家买另一枚戒指？也许有一天，一个素未谋面的人会因为爱我而送我一枚戒指。

那一年，我35岁，以前从不信任生活，不允许生命中出现任何空白。和我的家人一样，我也相信空的地方就什么也没有，而生活就是要紧紧抓住拥有的一切。医学培训强化了我的这种想法，告诉我要不惜一切代价避免失去。所以我曾经放下的任何东西都留下了我的抓痕。然而，手指上的这片空白不一样，那里寄托着对包装好的圣诞礼物的兴奋和期待。

降　服

因为得了宫颈癌，琼接受了子宫切除术，这也是她的第5次手术。步入35岁后，她就开始与时间作斗争，依靠一位整形外科医生的医术，她剥去了岁月的痕迹，恢复了年轻时的眼睛、下巴，甚至胸部和臀部。她不愿变老，总是在审视自己的面容和身体，每天锻炼，控制饮食。我和她同龄，但她看起来比我年轻15岁。她对我说："没有人一定会变老，变老是一种选择。"

巴氏涂片呈阳性后，她开始与疾病做生死搏斗。好在确诊的时候还是早期，经过一年艰苦的化疗和放射治疗，她的病情已经缓解。这一年太难了。癌症治疗结束的6个月后，她痊愈了，我的工作也结束了。那时她才刚刚开始长出新头发。

几年后，在当地的市场上，一个漂亮的银发女人叫住了我。我并不认识她，但她热情地向我打招呼。看到我困惑的表情，她大笑起来，说："我是琼啊，我变老了，谁能想到我这么在乎外表的人会如此感激长出的皱纹。"

依恋还是承诺（1）

35年前，我有一名年轻患者，他与滑雪队友失散了，在气温只有零下的天气里度过了3天，幸运地活了下来。他在滑雪的地方住了几天医院，由于冻伤和足部进行性坏疽，他乘飞机来到我们在纽约的中心。当地的外科医生建议他截肢，他希望我们这个著名的血管外科小组能有别的治疗方法。我们给他做了一些初步手术，但3个星期过去了，效果不明显。之后他的左脚开始好转，右脚却逐渐恶化。截肢的期限逼近，年轻人还是断然拒绝，他不想截肢。

渐渐地，毒素开始从他受伤的右脚侵入身体，他的病情逐渐恶化。家人和朋友都很绝望，但他却不为所动，坚持保住自己的脚。紧急关头，一天傍晚，一群医生第三次或第四次会诊，告诉他最近的化验结果，帮他回顾了日益恶化的病情。会诊期间，他的未婚妻想到自己心爱的人可能会死，悲痛之情难以抑制。她哭着扯下订婚戒指，套进他肿胀的黑色右脚小脚趾上，抽泣着说："我讨厌这只该死的脚，你这么想要这只脚，干脆跟它结婚吧！你必须做出选择，要么它，要么我。"

我们都看着戒指上明亮的小钻石，旁边是他脚上黑色腐烂的组织。即使在微弱的荧光灯下，它也闪烁着生命的光芒。这个年轻人什么也没说，疲惫地闭上了眼睛。医生们也已疲惫不堪，纷纷散去，继续查房。第二天，他预约了手术。

术后的假肢安装和康复期间，我一直在跟进他的情况。一年后，他只有轻微跛脚，标记着当初他那个艰难的抉择。在他结婚前两周，我和他回顾了最后那次会诊，问他因为什么改变了主意。他说，看到脚趾上的钻石戒指，他恍然大悟。珍妮说得对，他太执着于这只脚了。珍妮的戏剧性行为帮助他认识到，他太在意这只脚了，以至于忽略了自己的生活，忘记了他们共同生活的承诺。而他当初之所以能在大雪中独自坚持三天活下来，正是因为他要履行共同生活的承诺。

依恋源于人格，源于佛学中的“欲望本性”，而承诺来自内心。在人与生活的关系中，就像在人际关系中一样，依恋会限制选择，而承诺则让人有更多选择空间。现代生活让我们依恋而非承诺。事实上，许多人发现在自己的生活中很难区分依恋和承诺。然而，依恋会让人越陷越深。而承诺，尽管有时会让人感到束缚，但最终会让人更自由。两者都是想要抓住什么，有时是逆着事件的发展或是对抗诱惑。在大多数情况下，人们可以感受随着时间的推移，一个活动或一段关系是让自己更接近自由还是更接近束缚，以此来区分依恋与承诺。依恋是一种条件反射，一种自发反应，通常无法反映内心深处的善。承诺则是一种有意识的选择，让我们与我们最真实的价值观和目标保持一致。在遭遇危及生命的疾病时，想要活下来就要放弃生命之外的一切。

吃曲奇

我有一位患者是个成功的商人，他告诉我，在他得癌症之前，事情如果没有按照他的意愿发展，他就会很沮丧。对他来说，幸福就是“拥有曲奇”。如果拥有了曲奇，就是顺利的；如果没有得到曲奇，生活就一文不值。但你想要的“曲奇”一直在变，有时是金钱，有时是权力，有时是性。又或者是一辆新车，一份大额合同，一个有声望的称呼。他在一年半前确诊前列腺癌，现在他坐在那里懊悔地摇着头，说：“似乎我还是个小孩子的时候，就不再学习如何生活了。我给儿子一块曲奇时，他心花怒放。如果我把曲奇拿走或曲奇碎了，他就闷闷不乐。但他才两岁半，而我已经43岁了。我花了这么长时间才明白，曲奇只会给我短暂的快乐。从你拿到曲奇的那一刻起，它就注定会碎掉，或者你会开始担心它会碎，担心有人想从你手中夺走它。为了守护这块曲奇，防止它破碎，不让别人把它从你手中拿走，你不得不放弃很多东西。你忙于不让自己失去它，甚至没有时间去享用。拥有曲奇并不是生活的意义。”

我的病人笑着说癌症改变了他。无论生意是否顺利，无论是否赢了高尔夫比赛，他有生以来第一次感到幸福。他说："2年前得癌症的时候，我问自己：'什么是重要的？什么才是真正重要的？'答案是：生命才是重要的，生命。无论怎样你都拥有生命，有曲奇也罢，没有曲奇也罢。幸福与曲奇无关，而是首先要活着。可是，谁又能让时光倒流呢？"他停顿了一下，若有所思，说："该死，真正的曲奇恐怕是生命吧。"

选择生命

看哪，我今日将生与福，死与祸陈明在你面前。所以，你要拣选生命！

——《申命记》

有时候我们只需要选择生命。我们可能太过依恋失去的东西或人，以至于盲目向前，频频回头看，而不是放眼未来。《圣经》里说，当罗得的妻子回头看时，她就变成了一根盐柱。我觉得许多人都经历着这种事，没有意识到自己已经被过去束缚，无法动弹。太过执着于早已不复存在的东西，不愿放手，就无法抓住机会或生命对我们的馈赠。

一天早上，丹因干咳醒来，短短7个月后，他因胰腺癌于爱人的房子里去世，收到消息的朋友十分震惊，悲伤不已。他的爱人也悲痛欲绝，穿着他的衣服在他的房间里坐了几个小时。她不与任何人联系，每天都去他的坟墓前，手脚摊开地躺在地上。

这种发泄悲痛的方法古老而传统，但几个月过去了，她仍然如此，她的家人开始担心。我在丹去世差不多一年后第一次见到她。那时，她的痛苦丝毫没有减退，仿佛刚刚经历丹的逝世。

咨询过程中我一直在听，但她几乎没有什么要说的。她无法正常工作、生活，无法照顾自己。尽管她每天都去上班，却无法清晰地思考，无法接受新任务。她说自己的工作状态很不稳定，可能过不了多久就会被解雇了，但她似乎也管不了那么多了。

她的麻木具有传染性。和她坐在一起，我也感到沉重而无力，整个人死气沉沉的，这让我很难向她提问，甚至很难思考。在她来找我咨询之前，我们社区最厉害的精神科医生之一曾经帮她治疗过，诊断结果为反应性抑郁症。医生给她开了抗抑郁药物，而且不断加强药物效力，却不见任何改善。

某种程度上说，当她心爱的人去世时，她自己的生命也随之停止。我开始和她聊这种生命的停止，让她描述自己内心的感受。她开始向我描述一些心路历程。有一次她告诉我，她“在围着马车转，一直在转”。还有一次，她说她觉得自己吞噬了自己的能量，我给她纸和蜡笔让她画出来，她画了一条吞下自己尾巴的蛇。

那天晚上我脑海中反复出现这幅画，我觉得这幅画就是罗塞塔石碑（Rosetta Stone）①，是解决她的问题的关键，但不确定该怎么解决。而且我总觉得这幅画很熟悉，却又不记得以前在哪里见过。我十分困

① 制作于公元前196年，刻有古埃及国王托勒密五世登基的诏书。石碑上用希腊文字、古埃及文字和当时的通俗体文字刻了同样的内容，这使得近代的考古学家有机会对照各语言版本的内容，解读出已经失传千余年的埃及象形文之意义与结构，成为今日研究古埃及历史的重要里程碑。

惑，去看了约瑟夫·坎贝尔的一本书，发现这就是衔尾蛇（Uroboros），一个与第一脉轮能量（First Chakra Energy）有关的符号，即生存的能量。我开始思考，是否在经历失去时，我们会本能地将精力重新投入到自己身上，直到我们确信自己能够从创伤中幸存下来？我们是否会全身心专注于维持自我，以至于失去向前迈进并与周围世界联系的动力？也许这就是这位年轻女子的处境。她之所以看起来那么死气沉沉，那么无力，可能并不是她缺乏活力，而是一个迹象，表明她担心自己可能无法扛过巨大的损失，因此所有的生命力量都在循环回到自己身上。

如果是这样的话，就没有人能够闯入这个封闭的系统，让她重新融入自己的生活，即便是厉害的精神科医生、所有那些现代精神药物都无法做到。也许这样一个系统只能从内部打开；没有人能够进去，只能是她自己出来。

她再次来访时，我开始和她谈论生存问题。我问她觉得自己是否能活下来，是否能够在一个没有丹的世界里生存。但我的措词是："你愿意在一个没有丹的世界生存吗？"她摇摇头，第一次哭了出来。

她慢慢开始和我讲述自己经历的失去，失去梦想，失去爱人，似乎永远无法缓解的空虚。她说自己不愿意生活在没有丹的世界，对此她觉得羞愧和软弱。丹是那么想活下去，她怎么能不愿意活下去呢？她不再感到麻木，而是开始痛苦，这也标志着她开始治愈自己。在接下来的咨询中，我听着她讲述那些甚至对自己都隐藏起来的痛苦。

最后，我提出，可能并不是她自己选择了停止生活，而是生活自动停止了，就像潜入冷水中的冲击会让我们自动屏住呼吸一样，她遭受的打击太大了。也许重要的是要让她知道自己是可以选择的。她可以选择继续“绕着马车转”，也可以选择另一种方式。

两周后，她又来了，非常兴奋，说她做了一个梦。梦里，她和一群印第安人席地而坐，那群人全是男人，她称他们为“长者”。她似乎感受到他们聚在一起和她讨论生活的停滞，像是一场要帮她认清真相的会谈。他们没有说话，让她通过脑海中的画面而不是语言来讲述丹的死亡故事，他们可以看到这些画面。然后，她以画面的形式向他们讲述这个故事，在她重温爱人去世的心路历程时，他们陪伴着她。长者们认真看着这些画面和经历，如果是独自一人，她根本无法面对这些画面。在他们的陪伴下，她找到了生活停滞的那一刻，就是殡仪馆的人抬着她爱人的尸体从她身边经过，将他抬出房子的那一刻。

这群印第安人静静地坐在那里，一起思考着这一刻。在沉默中，她意识到殡仪馆的人正在把爱人从她身边带走，所以她让生命停止，阻止他们把他带走。

这群人耐心、谨慎地思考着这个新发现的事实。她能从每个人的脸上感受到他们对她失去亲人的同情。她这才意识到，她曾经让生命停止来阻止丹的离去，但她也可以选择让丹离去。她可以坚强地活下去，是时候放手了。

此时梦中的景象发生了变化。她抱着丹的尸体走向高处的边缘，丹的尸体似乎没有一点重量。她知道自己已经抱着他坚持了很长一段时间。当她到达边缘时，她把他举起来，让他离开。丹似乎变成了一只大鸟，当他飞起来的时候，她能感觉到一股自由的气流，就像风一样，从她身边掠过。

企图控制生活并不能带来自由，自由来自于与生命中的一切并肩前进的意愿。握紧回忆，但不执着于过去，在事情不可避免地发生时，去选择。只要你愿意，你随时可以拥有自由。

依恋还是承诺（2）

我还在医学院学习时，一个年长的女性因为下巴一侧长了个肿块前来就诊。我们医院是癌症治疗方面全球领先的医院之一。医生们对她的肿块进行了精细的识别、分类和分期，并确定了最先进的治疗方法：化疗并完全切除下颌。

医院让一名医生去与老人及其家人讨论诊断和建议，商量手术时间。他回来的时候气呼呼的。这位老妇人拒绝手术，而她的家人也支持她。他非常认真地告诉他们，这类癌症如果不进行手术干预会带来致命后果，并详细描述了手术过程和术后存活率的统计数据。老人只是对他的关心表示感谢，然后就说要立刻出院回家，不管他说什么都不为所动。最后，这位医生要求老人签署一份文件，免除医院和工作人员的一切责任。在家人的注视下，她平静地签了字。其他医生也尝试去劝说老人和她的家人，但她还是离开了医院，再也没有回来。

她拒绝了医院的帮助，这让医务人员愤怒了好几天。我们本应热情地捍卫她投票的权利，但我们的态度实际上剥夺了她对自己生命的掌控权。她自尊心很强，家人也那么爱她，但我记得自己当时只是觉得这一家人很奇怪，从未想过她的选择背后是什么，是什么让她如此冷静而坚定地做了这个艰难的决定。

35年过去了，我已不是当年的我，医学也在进步。最近，我把这个故事讲给医学生听后，一名大二的学生评论说，他觉得问题在于当年医生只是了解疾病，却不了解这位老人。她是谁？他问。她是位长者。但有人了解她过着什么生活、她重视什么吗？

后来大家围绕一个话题进行了讨论：挽救人的生命和对生活做出承诺之间有什么区别。学生们提出了一些难以回答的问题：医生如何服务于生命？医生真的知道对人来说什么是“最好的”吗？还是只知道疾病的最佳治疗方法？有没有一种可能，医生让人身体健康，却破坏了人的完整性？

学生们的想法一半一半。有些学生和我们当年一样感到沮丧与愤怒，对这家人评头论足。但其他学生认为以前的医生只会诊断，并不理解患者。那些医生之所以感到无力，不是因为这位女士拒绝手术，而是因为医生拒绝倾听和了解她。这群学生认为医生的任务不是不惜一切代价延长她的生命，而是让她能够按照自己的价值观生活。延长她的寿命，也可能不延长，一切都取决于患者自己。

不知道35年前我的同学和老师听到这些评论会怎么想，但我觉得他们可能不太能接受。毫无疑问，曾经的我们错过了了解远比癌症诊断和治疗更重要的东西的机会，而把握住这一机会的能力还在遥远的将来。

所有或一无所有

我们很难改变生活，尤其难以改变感受。如果我们不能以开放的心态面对愤怒或悲伤，也无法拥抱爱和快乐。情绪似乎只在全或无之间转变。我总是会被患者打动，这些患者能比大多数人更充分地享受生活，能找到更多的意义和深度，怀着更多敬畏。也许是因为他们允许生命中的事件将他们带到不寻常的高潮和低谷。在这些高潮和低谷中结识他人是一种选择。

我治愈过的最具挑战性的病人是一位患有卵巢癌的女士。在她60岁出头的时候，她过着不一般的生活，充满热情地迎接和创造机会。有一次，她让三个年幼的孩子退学，独自带着他们环游世界。她就像电影《希腊人佐巴》（*Zorba the Greek*）中的那种类型的女人。

癌症和整个治疗过程就算没有从精神上打败她，也消磨了她的活力。起初，她只是因为化疗而掉头发，她仍然笑着来到我办公室，光着头，戴着巨大的异国风情耳环。最后，她虚弱到几乎睁不开眼睛，只能是我去看她。

整个治疗过程中，她都会戴一个随身听，播放她所谓的“化疗音乐”。起初，她只在治疗时才会戴上，到后来她就一直戴着。癌症经历不同于她以往的任何经历。就像她说的：“一开始，我站在滑雪道的顶峰。这是场可怕的冲刺。但我没想到还是低估了它的难度。”她失去了对自己非凡的体力和活力的信心，好在她从自身更隐蔽的地方找回了信心。她最终活下来了。

治疗结束大约一年后，她的头发长回来了，体重增加了，往日的笑声也回来了。为了感谢曾经帮助她康复的人，她举办了一场聚会。大约100人聚集在她家客厅，吃吃喝喝，相互认识。聚会进行到一半时，她请大家安静，站在椅子上讲述过去两年她经历的痛苦、损失、失望和绝望。她说我们每个人都以某种方式陪伴着她，因此她向大家表示感谢。她眼睛里闪烁着光芒，举起一盘磁带，那让我们想起了她的“化疗音乐”。她说那段时间她一直反复在听一首音乐，现在要放给我们听。

刚听了个开头，我并没有意识到那是什么曲子。她把音乐放进高保真音响并把音量调大，几秒钟后，音响发出了一个饱含情感的声音：“赞美兄弟姐妹！”一阵福音音乐震撼了整个房间。大家顿时感到震惊，然后，100个人——朋友、邻居、儿子、女儿、美容师、爱人、杂货店送货员、出租车司机、按摩师、瑜伽老师、护士、厨师和房屋清洁工——开始跳舞。我们跳了很长时间的舞，这是我经历过的最伟大的人生庆典之一。

作为一名医生，我接受的训练是保持中立，不要对病人的病情感到失望或期待，要客观，站在生命的旁边。

但这种立场的代价往往很高。

我还在医学院学习的时候，参加过一位教员的退休晚宴。这位70多岁的医生获得过许多专业奖项，因其研究和对医学的贡献而闻名于世，备受尊敬。大家从世界各地赶来向他致敬。那是一个难忘的夜晚。

他当晚的演讲也令人难忘。才华出众的他总结了自他从医以来的50年里医学科学的发展，并将这些发展整合成一篇令人惊叹的综合评述，为未来的研究指明了方向，堪称专业杰作。大家听完纷纷起立，热烈鼓掌。

后来，一群医学生去找他交流，向他表达祝贺和钦佩之情。他很和蔼。一位学生问他，我们即将开启职业生涯，他有没有什么话想对我们说，比如他觉得我们应该了解什么。他犹豫了一会儿，然后对我们说，尽管他在专业上得到了成功和认可，但他觉得这么多年的职业生涯并没有让他加深对生命的理解，也就是说他并没有变得更智慧。他看上去有些落寞，甚至悲伤。他说："这些年就这么从我的手指间溜走了。"

当时我们并不明白他说这话的意思。后来提起时，我觉得他是因为谦虚才这么说的。有些人则觉得他是不是有点老糊涂了。但现在，将近35年过去了，我特别理解他。

拥抱生命

我一直认为医院是一个有治愈力的环境。职业生涯的前20年，我都是在医院为病人治疗，当我完成职业培训时，我已经在美国各地的医院都工作过了。所有医院看起来、给人的感觉都一样，甚至连闻起来都一样。一旦你进入医院，你就无法判断自己是在缅因州还是在密西西比州。我一直认为这是高标准和质量控制的结果。但我现在知道，这表明大多数医院环境与周围的自然世界之间缺乏联系，这种与自然世界的脱节削弱了每个人的力量。

1988年，在我最后一次手术期间，所有人送给我的植物都死了。我看着周围的植物一天天枯萎，十分担心：如果植物在医院都活不下去，医院对我来说会是个好地方吗？

作为一名医生，我习惯了工作中没有什么自然环境。今年，当我受邀到乡村医院举办精神病学系列活动时，在讨论中提到了这一点。在这次活动中，我看到了两种截然不同的治疗方式，兴奋不已：一种是精神病学疗法，这一疗法是传统的医学模式，强调药物治疗、移情和专业知识；另一种方法则是我采取的治疗方法——公平竞争疗法，这一疗法是我从受到身心双重痛苦的癌症患者身上学到的。

活动结束后，我会见了培训项目中14名敬业的年轻医生，我们进行了一次两小时的讨论。他们立即指出，这种方法对癌症患者非常有用，但违反了他们在培训中学习的几乎所有移情规则。我触摸病人，甚至拥抱他们；我的病人了解我的个人情况，了解我的疾病和脆弱，了解我生活中的许多详细信息；我们一起吃饭，甚至一起哭。年轻医生受到的培训是要保持人际关系距离，才能有效帮助病人，但我和我的病人之间根本不存在这种距离。

我仔细听着他们谈论移情，意识到他们受过培训，要与每位患者保持谨慎的人际距离，精心控制与每位患者之间的关系，在这种关系中，他们不能透露个人情况，要权衡或压制自己的评论和行为。我能感觉到他们接受的培训要求他们遵守严格的纪律，也能感受到他们害怕无意犯下错误进而对患者造成伤害。然而，根据我的经验，大多数关系都像自然一样充满诗意。我们总是意识不到，人与人的互动中有许多象征和内涵意义，比如给口渴的人一杯水，或者在长椅上给别人腾出空间。我们的潜意识总是在收集有关人与人之间关系的信息，我们常常意识不到那些在我们面前传达给另一个人的信息和元信息。有时，我们在不知不觉中传达的信息可能比我们有意识地设计的信息更连贯，更与他人的需求相关。

讨论的话题从移情又转向了工作环境。一位住院医生说，如果公益项目没有提供加利福尼亚州北部太平洋悬崖上的自然环境，可能就无法建立真正的治疗关系。他又以我们当时所在的位置为例：我们坐在一张长桌旁，房间的窗户很小，而且离天花板很近，可天花板有6米高，在这样的环境里我们根本无法知道外面的天气或当前的时间。住院医生们都大笑起来，有人打趣说至少还有窗户。

这时，坐在我对面的一位女医生第一次开口。她描述了自己的办公室，和所有住院医生的办公室一样，没有窗户。在这个办公室待了几周后，她感到不太舒服，所以带去了一盆植物，但植物死了。她感觉受到了挑战，于是又买了一盆，还买了几盏生长灯。这一次她成功了，植物活了，而且长势喜人。她还进行了移栽，得到了更多植物。现在，她的办公室里有好几盆植物，有些长得还挺大。

她告诉我们，这些植物对她的许多患者产生了奇怪的影响。他们似乎一开始就对这些植物非常感兴趣。第一株植物死亡时，有些人会感到难过。新植物成功活下来也引起了他们极大的兴趣。有些患者第一次坐下来时会仔细看看这株植物，许多人会说它长得真好。一段时间后，一些患者会先触摸植物的叶子或感受土壤，然后再坐下。受到患者对植物感兴趣的鼓舞，她又买了一些小型园艺工具和肥料，经常在诊断的前几分钟与患者一起谈论植物并照料它们。

植物长得越来越繁茂，她的办公室也变成了名副其实的丛林，许多患者似乎出奇地满足。一些患者还问是否可以剪一些枝带回去，一开始她有点担心，但后来她想："为什么不呢？"许多患者都带了插条回去，他们会开心地告诉医生插枝长势如何。她意识到这么做有点非同寻常，但似乎做得很对。

从传统意义上说，这违背了精神病治疗方案，有些激进，但其中诗歌般的隐喻很精妙。我环顾四周，似乎没有人意识到它的力量。

每个去到办公室的患者在某种程度上都处于一个难以成长的心理环境中。从情感上来说，他们正试图找到一种方式，让他们可以在没有窗户的房间里生活。从某种意义上说，一间没有窗户的办公室是与患者会面的完美场所。

所有进入办公室的患者都怀着同样的希望：医生能帮我吗？而这位医生在努力摆脱移情束缚时，不知不觉地建立了最终的移情。她的病人发现她在一个不利于植物生长的地方照料着植物。一周又一周，他们看着植物生长，开始抱有希望。他们看到了她能够照顾生命，能够帮助生命在困难和限制中成长。所以患者觉得也许这位医生能帮助他们。

过了一段时间，痛苦的患者开始信任这位医生，把自己的生命交给她。然后他们变得更强大，能更好地和医生一起照料自己。起初，他们只是试探性地和她一起照料生命。一段时间后，他们觉得自己已经做好准备，可以把从医生那里学到的东西带回去了。于是他们将生命带回家，发现植物和自己都可以活下来。最终他们不再需要去咨询医生。她这个故事中蕴含的智慧深深打动了我。

回想起来，我记得我也有过一株植物，它和我一起治疗病人。那位病人是一位优秀的女性，因为抑郁和焦虑而被转介给我。她是一家室内设计公司的老板，在亚洲、欧洲和非洲的社交场合上混得如鱼得水，还与当代最狂野、最有创造力的一些人相处友好。但她内心却感到深深的孤独，做出过许多自我毁灭的行为，恋爱关系也是一团糟。她是一个非常热情、幽默的大女人，她的笑声是我听过的最美妙的笑声之一。

她出生于爱尔兰，她家是当地颇有社会地位的一个天主教家庭，由于在传统的家庭中长大，她得到了很好的保护，一直很有安全感。小时候，她就读于天主教学校，接触的都是最保守、最得体的圈子，过着愉快而舒适的生活。

“是什么时候发生改变的？”我问她。她痛苦地告诉我，有一天晚上，她离开寄宿学校去办事，被人用刀威胁着强奸了。她父母还有教会几乎没有给她任何支持，用沉默来掩盖她的耻辱。不久之后，她离开了爱尔兰，搬到美国与一位阿姨住在一起。

尽管已经过去了25年，但那次事件让她非常脆弱和羞愧，无法设定个人界限或掌控自己的生活。不论发生什么，她都尽力接纳并坚持活下来。她不相信自己能改变任何事情。但在工作中，她强大能干，做的决定都很精明，在竞争激烈的领域经营着成功的企业。

我们花了一年多的时间帮她治愈这记忆中的创伤，同时还唤起并治愈了一些潜意识的感觉，探索她对自己和生活得出的结论。几个月后，我们开始审视她是如何照料生命的。多年来，她身边都是不会抚平创伤和照料生命的人，所以她也从未抚平创伤和照料生命。我说我的直觉是她不太会照料生命，建议她开始练习，慢慢学会这一点。她问我是不是指冥想，我说：“不是，买一株植物吧。”她笑了起来，说自己应该养不活植物。但我说正是这样才需要学习啊。她将信将疑地同意了尝试。

在接下来的几个月里，格特努力学习养活天竺葵。她的任务是每天关注它，注意它的需求并做出回应。刚开始她也是抱着试一试的心态。说是天竺葵，这其实是一种天竺葵属植物，之前一直被照顾得很好，被她买回来以后就经历了一段被忽视的时间，就像格特本人的经历一样。我鼓励她说："你要仔细观察它的需求，只要你真的去注意，它会告诉你它需要什么。"

天竺葵属植物很顽强，这类植物的特性就是即便经历了艰难的时期仍然可以恢复并继续生长。格特开始欣赏它的韧性，她从中看到了自己的一些东西。她向我讲述了它的力量。渐渐地，她越来越能认识到它的需求。格特能流利地说4种语言，她迫不及待地告诉我，她正在学习说天竺葵语，还问我要不要听她说。

我们还在继续其他治疗。我会定期询问天竺葵的情况，最后格特说她得把它移植到地里了，因为它长得太繁茂，花盆已经装不下了。我们都很高兴。

大约就在这个时候，格特开始考虑做出一些生活上的改变。她对工作要求很高，几乎没有自己的时间。出于对自己的判断以及知道自己需要什么能力的新的信任，她卖掉了公司，开了一所设计学校。大约就是这个时候，她遇到了一个好男人，开始和他约会。进入新的生活和新的恋爱关系后，她再也不需要来找我治疗了。

几年后，我收到了她的婚礼请柬。一年后，她来找我讨论应该如何帮助一位患有癌症的朋友。她和丈夫在洛杉矶拥有了第一所房子，在那里定居下来。她骄傲地给我看照片，上面有一座很大的花园，里面种着五彩缤纷的植物。我说好美啊，她笑了笑，说："都是我自己种的。"

卡尔·荣格（Carl Jung）有时在开始咨询之前会问病人他们来办公室之前去了哪里。他们的回答常常都是那些最平凡、最普通的活动，比如买食物、开车、买鞋子。通过仔细倾听他们做这些事情的方式，提出发人深省的问题，并发现自发和习惯性的反应，荣格可以阐明一个人的整体生活方式以及这种生活方式的优势和局限性。

我开始觉得主观世界可能是全息图，是最基本的信念模式在最微小行为中的反映。如果是这样的话，打破这种模式的任何一点都可能最终让我们摆脱这种模式。我们去杂货店的方式可能就是我们的生活方式；我们照料植物的方式可能就是我们照料自己生命的方式。我们的行为方式是如此地一致。要想得到治愈，就要愿意倾听生活的需求并做出回应。格特从未倾听过自己生命的需求，也不知道如何倾听。而在这一方面，天竺葵是比我更好的老师。

第七章

相互帮助，相互治愈

Live and Help Live

我们都可以影响生命力。我们天生就有治愈生命的工具和策略，这在很大程度上是人类与生俱来的权利，而我们太过依赖技术，反而忽视了自身的治愈力量。但这种力量丝毫没有减损。

人们从一开始就在互相治愈。在还没有外科医生、心理学家、肿瘤学家和内科医生时，人类就在相互扶持。今天，我们要治愈创伤，就需要认识并找回治愈彼此的能力，那些蕴藏在最简单的人际关系中的巨大力量。触摸能给人带来力量，宽恕是一种祝福，而接纳真实的你并在你身上看到其他人不曾察觉的善良则是一种恩典。

人活着就会遭受痛苦。正是我们从伤口和痛苦经历中获得的智慧，使我们得到治愈。事实证明，相比成为专家，更重要的是我们要记住自己和其他人都是完整的个体，而且要对这种完整性充满信心。专业知识可以起治疗作用，但受伤的人往往是被其他受伤的人治愈，因为只有同样受伤的人才能理解伤者需要什么。治愈痛苦的是同情，而不是专业知识。

我还在斯坦福时，受邀和几个传统医生与心理学家一起参加为期一天的硕士课，授课老师是人文心理治疗先驱卡尔·罗杰斯博士（Carl Rogers）。我很自豪自己年纪轻轻就能成为专家，有人欣赏我的观点和判断。罗杰斯的治疗方法被称为“无条件的积极关注”，在我看来这是一种可悲的降低了标准的行为。但有传言说他的治疗效果堪称神奇，我很好奇，所以就去了。

罗杰斯非常随性，在向我们讲述他是如何帮患者治疗时，经常停下来，讲他本能自发的一些行为。我在医疗中心习惯了条理清晰、权威的说话风格，而他完全是另一种表达方式。我不禁怀疑，一个看起来如此犹豫不决的人具备专业知识吗？据我所知，“无条件的积极关注”就是默默坐着听患者讲述，不做判断或解释。我无法想象这会有什么帮助。

最后，罗杰斯博士向我们展示了他的方法。班上一位医生自愿扮演他的来访者，他们重新摆放了椅子，面对面坐着。当罗杰斯转向“来访者”，准备开始演示时，他停了下来，若有所思地看了看我们这一小群专家。在短暂的沉默中，我不耐烦地在椅子上挪了挪。然后罗杰斯告诉我们：“在每次咨询之前，我都会花点时间回想自己心中的人性。这个人即将要分享的经历一定是我经历过的，我理解他的恐惧，在意他经受的痛苦，因为我也是人。无论他的创伤有多深，都不需要在我面前感到羞耻。我也是脆弱的。正因为如此，我足以治愈他。无论他经历了什么事，不再需要独自承担，这样他就可以开始得到治愈。”

随后的咨询过程十分深刻。罗杰斯一声不吭，仅仅通过高质量的关注，表达对他的完全接纳。那位扮演来访者的医生开始说话，这次的咨询很快就不再仅仅是一种技术演示。罗杰斯营造了一种完全接纳的安全氛围，这位医生开始摘下面具，一开始还有些犹豫，后来越来越容易。每当他摘下一个面具，罗杰斯都无条件地鼓励他继续，直到最后我们看到了那个医生真实的脸的美丽。我怀疑连他自己以前都没见过这么真实的样子。而那时，我们也都看到了自己最真实的样子，有些人眼里噙满泪水。我还记得当时我甚至希望自己是那个自愿配合的“来访者”，羡慕这位医生有机会被人如此完全地接纳，而我除了和教父在一起的那几分钟，从未有过那种感觉。

我一直努力做到足够优秀。这条黄金标准决定了我读什么、穿什么、如何度过时间、住在哪里，甚至说什么，即便这个所谓的“足够优秀”不是真正对我而言的好。我花了一辈子的时间试图让自己变得完美，但如果罗杰斯所说的是真的，那么完美就只是一个安慰奖。我们只需要做一个普通人。我也是人，但我一生都害怕被人发现我只是一个普通人。

罗杰斯向我们指出了治愈关系中一个非常明智和基本的原则。无论我们学到什么样的专业知识，对于任何遭受痛苦的人来说，最大的礼物就是向他们完全展现真实的我们。

倾听是最古老的治疗方法，也许也是最有效果的方法。能对周围的人产生最深刻的影响并让他们改变的，往往不是智慧的话语，而是认真的倾听。倾听时，我们就是在完全接纳对方，为他内心找不到归属的部分——那些被自己和他人否定、不被爱、遭到贬低、隐藏起来的东西——提供了一个庇护所。

在现代社会文化中，我们的内在和心灵经常找不到归属。

倾听创造了一种神圣的沉默。当你以开放的态度倾听别人讲述时，他们往往也能第一次听到自己内心最真实的声音。在沉默的倾听中，你可以在对方身上看到自己。最终，你可能会听到，在每个人心里，在他们内心深处，那看不见的歌声，唱给自己听，也唱给你听。

不久前的一个下雨天，我走在纽约街头，我出生的地方，心里想着自己现在居住的那片绿地，感激那里的植物生长得如此舒适自在。并不是所有的事物都有生长和实现自我的空间。这场雨让我强烈地意识到城市里钢筋水泥世界的坚硬和灰暗，人类用强大的力量征服自然并使其服从人类意愿。城市绵延数英里，似乎没有任何生物能对雨水做出回应。但重要的是下雨了。即使在最困难的环境里，也有生长的可能性。而我们的倾听就像这雨水一样。

人　类

在我13岁那年，12月初，父亲宣告破产。也是在那一年，我们一家亲手制作了圣诞礼物。我记得自己怀着比往年更高的期待，等待圣诞节的到来，迫切地想知道父亲是否会喜欢我偷偷为他织的围巾，母亲戴上我亲自设计的用铜线制成的手镯好不好看。尽管家里压力很大，但圣诞节早上，客厅里还是像往年一样摆放着熟悉的装饰品，咖啡桌上堆满了礼物，只是今年是用报纸上运动场的绿色部分包装了礼物，红丝带也是去年的。众多礼物之中，有个小的天鹅绒盒子。

当时我才13岁，但我知道这样的盒子一般不会用来装自制的东西，于是满脸狐疑地看着它。父亲笑了笑，说："这是给你的，打开看看。"

盒子里装着一对24克拉的金耳环，十分精致。我默默地、困惑地盯着它们，这对耳环与朴素、害羞的我格格不入，反而比较适合我那些爱开玩笑、打情骂俏、放声大笑的同学。父亲催促道："你不打算试一下吗？"于是我拿起耳环走进浴室，关上门，把耳环戴在耳朵上。我小心翼翼地看看镜子。我脸色蜡黄，长满粉刺，稀疏的头发还没干透就开始变油，与往常的我并没有什么不同。那对耳环看起来很滑稽。

我一把扯下耳环，冲进客厅，把它们扔在地板上，对着父亲尖叫道："你怎么这样？为什么要取笑我？把它们退回去吧，我太丑了，戴起来很傻，不要浪费钱了！"说完我就大哭起来。父亲什么也没说，直到我哭出来，他递给我一条干净的、叠好的手帕，平静地说："我知道现在戴起来并不好看，但总有一天它们会非常适合你，所以我才买的。"

感谢我终于度过了青春期。在最低落的时候，我会拿出盒子，看看耳环。我父亲当时并没有那么多钱，却还是花了100美元买这对耳环，因为他相信我会成为适合戴这对耳环的人，这是一件值得坚持的事情。

在父亲的礼物背后隐藏着一种双重愿景，这也是每个治疗师的标志。他本可以告诉我不要哭，总有一天我会成为一个可爱的女人。但那样会轻视我的痛苦，抹杀我的经历和当时的事实。而他的行为更加有效：他承认我的痛苦及其恰当性，并给予我支持。他相信一切事物都会自然而然地发生变化，是他的这种信念这让一切变得不同。找到完整的自己只是时间问题。

"人类"与其说是名词，不如说是动词。我们每个人都处在未完成的状态，是正在进行时。也许我们评定自己和彼此时都应该加上"迄今为止"这个词，比如乔恩迄今为止还没有学会同情，我迄今为止还没有鼓起勇气。这么说一切就都不一样了。我甚至见过在生命垂危时"迄今为止"都没发生的事突然就实现了。如果生命是一个过程，那么所有的判断都只是暂时的。在某件事完成之前，我们无法妄下定论，就像不到比赛结束那一刻就无法判定输赢一样。

“破碎”可能只是过程中的一个阶段。花蕾不是破碎的玫瑰，只有没有生命的东西才会破碎。也许成为一个人的这一独特过程永远不会结束，即使在死亡的那一刻。

在我们本能的依恋中，在我们对变化的恐惧中，在我们对确定性和永恒的渴望中，我们会贬低“暂时性”，而这正是人类最大的优势，也是人类最基本的身份。不承认暂时性，就否定了生命的过程。生命的本质就是变化，一切希望都建立在变化的过程中。

在父亲送我礼物的那个时候，我对大多数事物都非常挑剔，总是很介意我没有的东西，这一点影响着我对自己和身边人的回应。所以，我一直在努力摆脱这种看待问题的方式，但并不成功。渐渐地，我开始认识到它的天赋。我曾经认为的缺陷不过是因为事物正在成长的边缘，而在这一过程中，我们通过与别人互补而变得更加完整。

我用了更长的时间才意识到诊断只是另一种评判的形式。给一个疾病命名并没有什么用处，它无法描述生命，无法准确反映生命。而且，疾病也是一个过程，就像生命一样。

诊断和治疗的概念就意味着修复，但我们狭隘地关注修复问题，可能会让我们否认生命过程的力量。几年前，遇到患者康复，我会认为这是我的功劳，他们的康复证实了我高超的医术和知识。我从未意识到，如果他们对我的医学干预没有产生身体上、情感上和精神上的回应，我什么也改变不了。我一直以为自己是在修复他们的问题，但其实我只是在配合他们。

我还是一名儿科医生的时候，曾经给一群小学生做了一场关于健康的演讲。我本来是要告诉他们刷牙和不吃垃圾食品的重要性，但孩子们想问一些对他们来说更重要的问题，比如“我睡着的时候人去了哪里？”和“人死后会变成天使吗？”。他们很快发现我回答不了这些问题，然后就对我失去了兴趣。

演讲的地点是学校的户外草坪。一个小男孩指着草丛中一朵黄色的花问我：“那是什么？”其他学生齐声回答：“蒲公英！”他又指着一堆叶子问道：“那又是什么？”

“还是蒲公英！”大家喊道。一个大一点的孩子站起来，从点缀在草坪上的众多绒毛球中挑选了一个。“这又是什么呢？”他笑着问道，然后把它吹走了。

“蒲公英！”孩子们高兴地喊道。然后大家就“哪一个才是真正的蒲公英？”进行了一场精彩的存在主义争论，争论很快就变得白热化。经过几分钟的争论，年龄最大的孩子之一，一个青春期的女孩巧妙地解决了这个问题。她用一种优越而厌倦的语气说大家傻，她说：“这些都是蒲公英。蒲公英不过是在世界某个角落正在发生的事情。”

我想，人类也是一样。

我们要看到人类的生命力，所以医学更接近园艺，而不是木工。玫瑰花丛不需要修复，它是一个有生命的过程，而我在这个过程中学习。我可以学会修剪和滋养，配合玫瑰生长，让它更好地成长。即使玫瑰生病了，我也能帮助它最大限度地发挥生命力。

只需要简单的信任这个过程就足以产生巨大的力量。一位同事曾给我讲她外孙出生的事。分娩的过程漫长而艰难，她的女儿大声向她呼救，那一刻她觉得自己无能为力，只能坐在那里牵着女儿的手，相信生命终将降临。她觉得自己做得并不够。但也许这就够了。一个具备相应知识和经历的人如果选择相信这一过程，确实能起到帮助和安慰另一个人的作用，否则每个人都只能在恐惧的驱使下行事，因为转变必然会带来恐惧。

相互帮助，相互治愈

多年前，我在一所大型医学院任教学型儿科医生时，跟踪了6名青少年糖尿病病例。他们大多从蹒跚学步时就患有糖尿病，从幼儿园开始就严格控制饮食并注射胰岛素。但进入青春期后，他们变得叛逆，不顾一切地希望和其他同龄人一样生活，疾病成了可怕的负担，将他们与其他人区分开来。这些从婴儿期就开始控制糖尿病的年轻人开始反抗权威，仿佛权威就是第三个父母。他们不去打针，也不吃药，一次次陷入昏迷或休克，被送入急诊室。他们的状态可怕又令人沮丧，危及着他们的生命，令父母和整个儿科的工作人员都感到心力交瘁。

我当时是科室副主任，得到情况报告后我决定采取一个简单的措施。我组织了两个讨论小组，每个小组都由3位青少年患者和其他3位患者的父母组成，每个小组每周进行一次讨论。

这种分组效果特别好。那些不愿向自己的父母吐露心声的孩子在其他人的父母面前可以畅所欲言，表达需求和观点；那些听不到自己孩子心声的家长仔细听其他孩子说的每一句话；孩子听不到父母的心声，也会认真听别人的父母说话。大家第一次感到自己被人理解了，他们可以放心地哭泣，感受到别人的关心和安慰。各个年龄段的人坐在一起交流见解，相互支持，大家开始发生变化。父母和自己的孩子开始以新的方式交谈，相互倾听。所有家庭的关系都得到了巨大改善，孩子们来就诊的次数也减少了。这时，科室主任发现了我安排的讨论小组。

他愤怒至极，质问我怎么可以公然跨越医学专业知识的限制，我又不是精神科的医生，如果某个人被别人说的话伤害了，或者情绪失控了，该怎么办？尽管这个方法取得了很好的效果，他还是下令解散了讨论小组。

我们对医疗工作者的理解仍然是狭隘的。想到这些孩子和父母，以及他们提供给彼此的智慧、善良和理解，我很难过。他们并不比专业人士差，而我自己青春期时也在与疾病抗争，我也是个不错的医疗工作者。生活经验和任何专业证书一样宝贵。

我认为，我们需要意识到人类可以相互帮助，让彼此变得更健康，而且我们要重视这种相互帮助，相信这种帮助和专家能提供的医疗一样重要，这样才能实现全民健康。那次事件过后的几年里，出现过一些像当年我设置的讨论小组那样的团体，它们的实践已经充分证明，那些无法由最专业的医疗方法治愈的问题，可以让经历过同样痛苦并因此对其有所了解的人在群体中解决。在这样的群体里，受伤的概念已破除，我们都是受伤者，也是彼此的治疗者。大家都有治愈创伤的智慧和关爱他人的能力。

在最近的一次演讲中，比尔·莫耶斯（Bill Moyer）评论说，美国生活方式中最传统的价值观之一——“活着，且让别人活着”[①]——无法帮助我们实现全民健康。要拥有健康的生活，我们应该更进一步，做到“活着，且帮助他人活着”。

① 即相互包容。

我们如何看彼此

青少年时期的我高高的，满脸青春痘，相貌平平。家族里的其他女性都十分优雅，二表姐比我大几岁，一直在主动帮助我练习那些我那聪明的父母认为并不重要的优雅。每个月的一个星期六，她都会带我去购物，然后去俄罗斯茶室吃午饭，这是纽约一家比较正式且装修考究的餐厅。每次和她一起出去对我来说都很痛苦，所有衣服穿在我身上都是松松垮垮的，而且由于我长得高，整个人十分笨拙。有一次走在街上，我被自己绊到，重重摔在地上，擦伤了膝盖和下巴，弄脏了裙子。表姐非常善良，她既没有批评我，也没觉得丢脸。她扶我起来，带我去喝茶。而我的下巴流着血，衣服脏乱，狼狈不堪。

几年后，表姐结婚了，我也一直忙于学业和医学培训，我们失去了联络。又过了一些年，她的孩子都上学了，我也成了一名年轻的医生，我们又开始约着一起逛街、吃午餐。现在，走进俄罗斯茶室的时候，我们会停止交谈。因为我们俩都长得身材高挑又有异域风情，一进去就会吸引大家的目光，很有意思。尽管我在相貌和能力上都提升了很多，但在表姐眼里，我依旧是那个不起眼又笨手笨脚的丫头，而我似乎无法摆脱她那无声的预期。

吃午饭的过程中我整个人就像回到了多年前，我会把红酒弄洒在洁白的桌布上，把肉汁滴到衣服上。有一次，我的背包带子被压在包下面，拿起来的时候整个包都翻了，口红、钥匙、钱包和卫生棉条散落一地。面对这些小意外，表姐一声不吭，丝毫没有责备我的意思。她完全没有意识到自己在这些事件中所扮演的角色，也没有意识到她内心形象的力量，她只是同情地对我微笑，默默接纳，帮忙收拾残局。真叫人生气！

在某种程度上，我们是由我们的潜力和表现定义的。橡果和雕刻成橡果形状的木头有很大的区别，只不过肉眼可能无法识别。但橡果就是橡果，即使没有机会变成一棵橡树，它和木头还是不一样。我们知道它能够长成橡树，所以对橡果会有不同的看法，以不同的方式对待它，会比较重视它。如果橡果有意识，它一旦知道自己的潜力，对自己也会有不一样的看法和感受。在某些印度文化中，打招呼的时候不说“你好”（Hello），而是说“向您鞠躬”（Namaste）。这句话的含义大致是：“无论你外表如何，我都看到并问候你。”这其中充满了智慧。有时，对别人最好的帮助就是记住，我们对他人的看法会反过来影响他们，即使我们自己意识不到。

也许我们的语调、面部表情或某种措辞都会传达可能性。这些年来，我一直在想，我们是否会通过以一种神秘却有形的方式更直接地传达个人印象，就像我表姐对我那样。

并不是要提出要求或抱有期望才会传达可能性。不做任何期待，只是对将要发生的事持开放态度，并记住任何人都无法预知未来，这样也是传达可能性的一种方式。梭罗说，我们必须学会不靠机械手段的帮助，而是靠一种对黎明的无限期待，使我们醒来并保持清醒状态。不要执着于黎明到来，那只是时间问题和耐心问题。黎明真正到来时可能与我们的设想大不相同。我的经历表明，在任何情况下都要对事物发展的可能性持开放态度，我们永远不知道这种发展会以什么形式发生。

面对病人，我们对他们的个人印象会对他们产生影响，比我们意识到的还要深远。

建筑师亚伦在大学医院接受淋巴瘤治疗的时候，我认识了他。他原本像熊一样强壮，对自己的体力很有信心，却在接受化疗时第一次被击倒。体弱一点的人可能在治疗期间会卧床不起，但亚伦还能去见客户，见完客户再开车80公里到医院接受治疗。在找我咨询期间，他常常说起负责治疗他的年轻医生，一位肿瘤学研究员。他俩几乎同龄，所以除了聊诊断和治疗之外，他们还开始聊梦想和价值观。他们的关系对亚伦来说变得越来越重要。他觉得他的医生没有把他看作一个病人，而是把他看作一个人。

化疗持续了一年。亚伦的决心，以及他对生命的渴望令我感到惊叹。治疗终于结束，他和年轻的妻子与孩子开始回归正常生活。亚伦的身体恢复得很快。没过多久，他又开始执教少年棒球联盟，在塞拉利昂背包旅行，在网球场上把朋友打得落花流水。之后的两年里，他的状态都很好。

在这段时间，那位肿瘤学研究员离开医院去接受其他的培训，准备进一步确定自己以后的专攻方向。他后来回来继续研究工作，亚伦在一次例行检查中见到了他，那是他们两年里第一次见面。亚伦很高兴，邀请他和妻子去镇上的家里玩，说他们4个人可以共进晚餐，也许还可以一起看戏剧。这位医生犹豫了一下，尴尬地说，这样不太好。亚伦不解地问道："为什么呢？"医生变得更加不安，低声说："我不想和你走得太近，我不想自己以后难过。毕竟，你得了癌症。"

亚伦深受打击。接下来的几个月里，他在咨询期间一直对此耿耿于怀。我告诉他，他的医生对治疗效果很有信心，也相信他能战胜疾病，但不管我怎么说，他都不相信。他变得很沮丧。我给他的医生打了电话，他把我的关心当作异想天开而不予理睬。他说自己只是诚实地告诉了亚伦他的感受。"我们都知道完全康复的概率很小。"

我提醒他说："但确实有人成功了。"

他回复说："并不多。"

4个月后，亚伦癌症复发。医院尝试进行骨髓移植，但他没有活下来。我收到了他的医生写的信，那是一封很长的总结信，他说对于亚伦积极面对疾病和生活的态度，他深感尊重和钦佩，同时很认可我们所做的心理工作带来的帮助。这些年来，这位医生转诊过好几次病人到我这里。

我一直记得亚伦听到那位医生的话之后发生的变化，我觉得他说的话应该不止影响了亚伦的情绪。传统医学认为不存在别的影响，同时又没有严格的科学研究表明不会产生别的影响，但回想起我小时候和表姐去俄罗斯茶室的经历，自己也不太确定。当然，亚伦的医生并不认为他自己的态度会影响患者的治疗效果。这个结果也不完全在意料之外，只是大多数人都没有意识到自己对他人的影响程度，也没有意识到内心世界的态度和信念对他人的潜在影响。这并不是我们的文化的一部分。

我生病的时候也有过类似经历。当时我有一段时间没去医生那里了，就约了Z博士咨询，他是公认的克罗恩病专家，我想看看有没有什么新的治疗方法。我给他发了一份40页的总结，里面有我的大量医疗和手术记录，然后我们直接通了电话。由于我们俩在日程安排上的冲突，过了两个多月才找到时间见面。

Z博士的办公室比较传统且正式。他的诊室里摆满了医学文献和期刊，还摆着一张巨大的桌子。他穿着白大褂坐在桌子的一端，向我指了指另一端的一把椅子。我们之间隔着这一大片桃花心木，他开始问我一系列关于我目前状况的问题。我在服用什么药物？我有什么症状？他问得详细周全，我的回答也是轻车熟路。然后他出乎意料地问了我一个非常好的问题："从头到尾说一下你生病的整个过程。"这么多年来，从来没有人问过我这个问题。我说："这个故事很长。"他回答说："没事。"

于是我开始讲述整个过程，其中包括多年的毒性药物强化治疗、几次重大的外科手术，以及许多戏剧性的事情。比如我在刚开始生病时大出血后昏迷过去；16岁时因为不得不使用不纯的可的松（Cortisone）进行治疗而长出浓密的胡子，每天都需要刮除；大学期间开始服用新药，感恩节回家时，由于外表发生了巨变，来接机的父亲都认不出我，直到我喊出他的名字；10年来接受高剂量可的松治疗，导致我有严重的骨质疏松，骨头在正常情况下发生过一两次自发性骨折。

我继续说着。我在一次手术中差点儿没命，以及类固醇诱导的白内障和青光眼导致我的视力大幅减弱。我以前从未像这样回顾整个过程，冲击力太大了。我还说到后来症状莫名其妙地减轻，所以我现在的问题和疾病无关，而是很久以前的一些手术和药物产生的结果，早期帮我治疗的医生从未想过我会活下来，需要承受这些后果。我对医生说："我在阎王殿走过一遭。"

我花了将近45分钟才讲完，他一直专注地听着，没有打断我。我讲完后，他前倾，用一种亲切的声音问我目前是否还在行医。我很震惊，提醒他我和他一样忙。当时他似乎非常尴尬，于是换了个话题。

但他的话唤起了我内心深深的怀疑。很多年前，其他医生告诉我，我活不了多久。我相信医生的话，决定不结婚、不生孩子。如果在这一领域如此专业的人都觉得，以我的情况，我不可能成为一个活跃的、有贡献的社会成员，那我完全有可能明天就病倒，或者后天？我还能活下去吗？该相信自己能活下去吗？专家的力量非常强大，专家怎么看你，你就很容易怎么看自己。

见过这个医生之后的几周里，对于多年来一直不太介意的许多身体问题，我开始感到担忧。由于害怕远离了解我的病情的医生，我甚至取消了原定在东海岸举行的一些专题报告。最后，我的一个朋友问我最近为什么过得这么艰难。我几乎哭着告诉了他缘由。“可以向我讲一遍这个故事吗？”他问。于是我又讲了一遍。和Z博士一样，我的朋友若有所思地听着，没有打断我，但他的反应完全不同。我讲完后，他看了我很长时间，说：“天哪，瑞秋，我都不知道这些，你就是个战士！”他治愈了我。

触　摸

在癌症静修活动中，我主持了一次晨间活动，让参与者们相互进行了某种形式的双手能量治疗。大多数其他晨间小组组长也会让他们的小组这样做。我一开始这样做是希望让人们更多地接触到自己的治愈能力。大多数来参加这些静修活动的人都是长时间接受治疗的人。被动接受会让人感到渺小、破碎和脆弱。但在这里，无论他们病得多厉害，都有机会为彼此治疗，有时也能第一次认识到自己身上治愈别人的力量。

对许多人来说，双手能量治疗是一次发现之旅。很少有人有机会以这种方式触摸别人和被人触摸。这种体验会感动许多人，会产生一种真正的亲密感。在体验结束后，人们表示对他人有了改观。他们常常说，他们对搭档的生命充满崇敬之情和使命感，这种感觉令他们惊讶。他们内心会自然出现一些与治愈、自身本质和完整性相关的画面。许多人很感谢能有这种相互治愈的机会。无论是否有信仰、是否受过教育、是年轻人还是年长者，他们都心怀感激。即使是相互看不顺眼的搭档，事后也很感激。事实上，相互看不顺眼的搭档在经历了双手能量治疗后，关系往往会发生变化。

双手能量治疗虽然强大，但对一群训练有素的医学专家进行同样的练习时，却达不到这样的效果。在研究所的公益计划培训项目中，有60多名医生参与了此活动，我发现，许多接受过治疗培训的医生对于治愈过程有深刻的、与生俱来的认识和理解。

医学中不让我们直接用双手治疗。对大多数医生来说，触摸是收集信息的方法，是诊断的主要策略，有时也是治疗的主要策略。医学培训教我们把手和心联系起来。但在这个项目中，经过仅仅15分钟的解释和讨论，8名医生已经可以跨越长达150年历史的培训模式，回归大家更熟悉的、更真诚的了解他人苦难的方式。能用双手直接去帮助癌症患者是我的莫大荣幸，但让我最感动的是看着医生们相互治愈。有时在我看来，他们似乎正在找回工作和生活的意义，从几十年来扭曲和错误的治疗理念中解脱出来，让深埋心底的完整性重见天日。其他医生和我一样深受这种体验的影响，他们通常能从中获得深刻的见解。

他们惊讶地发现，自己安静地坐在患者身边，希望通过触摸来治愈患者，这一切是那么自然。大多数人都感觉似乎唤起了某种记忆。一些医生说自己曾想通过触摸患者来治愈他们，但又觉得这样不专业，或者不受欢迎。

医生和癌症患者有同样的感受，被一个只希望你健康的人触摸是一件不寻常的事，他们也很少被这样触摸。他们常常说，在进行常规体检时，只要一转念，就可以带着治愈的目的去触摸别人。

许多医生惊讶地发现，他们对彼此的创伤产生了深刻而直观的了解。对大多数医生来说，面对别人的痛苦却没有医治它的压力，他们第一次感受到一种平静。在这种情况下，许多医生才意识到自己深切关怀着别人。他们在短时间内获益良多。

这个练习中发生了许多故事，其中一位女医生的故事是我最喜欢的。她是一位非常成功的外科医生，才三十出头，帅气，还有点令人生畏。在这群医生中，她的聪明才智和坚强意志都十分出众。她常常在讨论中挑战或质疑他人的意见或逻辑，虽然她的想法通常是对的，却让人产生一种距离感。估计她在生活中也是这样。

练习中，她和一位男性肿瘤学家是搭档。之后，这位男性肿瘤学家这样描述这次经历：

“一开始我觉得要稳妥一点，但在简告诉我她常常背痛后，我决定试着告诉她我去年刚刚离婚。我说我现在很难再信任女人了。她问我哪里感受到了这种疼痛，我也说不上来，就碰了碰心脏。她点点头。然后我躺在地毯上，闭上了眼睛。她在我旁边坐了一会儿，没有触碰我。我当时想着，她可能不会触碰我，突然就很想哭。我很惊讶，离婚期间我都没哭。但我没有哭。然后，简把手掌放在我的胸口。我没想到她的手如此温暖，她如此温柔地抚摸着我。在一次次抚摸中，手掌的温暖似乎一点点穿透了我的胸膛，包围着我的心。那一刻的感觉很奇妙，我觉得她不仅仅是在触摸我的胸膛，而是把我的心握在手里。就在那时，我感受到了她手中的力量，她是多么地沉稳，有趣的是，我能感受到她真的在理解我的痛苦，全身心地投入，我突然觉得自己并不孤单，很有安全感，这才哭了起来。”他转向简，对她说：“我不知道你是谁，但你的患者很幸运。”

简也快哭了。她哽咽着说到自己在医学训练中失去的一切——她的温柔、温和、温暖。她说因为推崇男子气概的医学界并不认可她身上的这些品质，所以为了成为一名成功的医生，她将这些一一抹杀。这项练习让她感受到了这种痛苦。她原以为自己的这些品质已经消失，现在通过这种方式，别人看到了她真实的一面，而且十分珍视，这对她来说意义重大。她说：“病人从来不会跟你说这些。”

她说到这里，房间里的每一位医生都清楚地意识到，简不仅仅是在说自己，也不仅仅是在说其他女医生，她是在为所有受过训练的医生说话，医生们都否认了自己的完整性，错误地认为这样才能为他人提供最好的服务。她说的是我们所有人。

圣　地

如果我们在一些地方被真心对待和倾听，这些地方对我们来说就很重要。当我们进入这些地方时，就能回想起自己的力量和价值，而在其他地方就不会。

我的搭档从未生过病，56岁时却突然死于严重心脏病发作。他是一位技术高超的治疗师，也是一位了不起的朋友，他的死让同事和患者都很悲痛。在他死后的几个星期，医生们如行尸走肉般翻阅着文件，对前来治疗的患者进行转诊，许多患者也都在哭泣。最后，人家处理好了所有细节，一起面对没有哈尔的未来。

患者们陆续来就诊。哈尔死后的近一年里，每周总有那么几次，在我开办公室门的时候，发现哈尔的某个病人坐在公共候诊室里。一开始我担心他们还不知道哈尔的事，所以告诉他们哈尔已经去世了，但原来他们都知道。在这里，哈尔曾倾听他们诉说，以他特别的方式看待他们、重视他们，他们只想在这里坐坐，也许是在思考面临的艰难决定。许多患者都会来这里，这实在太感人了。哈尔如此完美地关怀着每一个生命，唯独忽略了自己，这让我感到生气。

我的另一位同事是东海岸一所优秀医学院的家庭医学系主任，他向我讲述了一位患者的故事。那是一位无家可归的女士，她把自己的所有家当放在两辆购物车里。每个月，她都要带着这些东西爬上陡峭的山坡去到诊所，整个过程中她需要把两辆车交替绑在停车收费表上。她会先固定好第一辆车，然后把第二辆车推到山上的下一个收费表处，绑上，又回去解开第一辆，把它推到第三个停车收费表处，就这样，直到她和两辆车都到达诊所大门。她在每个月的某个星期三来找我那位同事。她说起话来杂乱无章，穿着脏乱古怪，但我的同事心地善良，对人尊重，从来不曾被这些困扰。他总是正式且礼貌地欢迎她进入诊室，听她讲述生活中的各种艰难，竭尽所能地帮助她减轻负担。

过了一段时间，我同事发现这位患者有时会在他不在的时候来医院。起初，诊所护士也很困惑，因为她似乎知道那天不是她该就诊的日子。护士们在与她交谈后，得知她只是想去医生的就诊室。到了就诊室，她又不进去，只是站在门口，慢慢地、小心地一次次把右脚踏入空房间里，然后又一次次地收回。这样重复一段时间后，她似乎感到满足了，就会离开。

如果我们在一些地方被真心对待和倾听，这些地方对我们来说就是“圣地”，能让我们想起自己作为人的价值，给我们继续前进的力量，甚至最终可能帮助我们将痛苦转化为智慧。

圣　影

有这样一个故事：天使看到一个特别善良的人，请求神赐予他创造奇迹的能力。神让天使去问这个人是否想要这种能力。

于是，天使去找这位善良的人，说要赋予他用手治愈的能力，他拒绝了。天使又说给他改变心灵的能力，他还是拒绝。最后天使说赠予他高尚的品德，他也拒绝了。天使坚持要他选择一份礼物，否则他们会替他选择。他说："好吧，那我希望可以在不知情的情况下做很多好事。"这个故事的结尾是：

天使们不知道该怎么办，于是商量了一下，决定采取以下计划：每当他的影子落在他身后时，就能治愈疾病、缓解痛苦和抚慰悲伤。他行走的时候，身后的影子能将荒芜的小路变绿，使枯萎的植物绽放，使干涸的小溪潺潺流动，使虚弱的孩子活力焕发，使不幸的人们喜笑颜开。这位圣人在日常生活中传播着美德，就像星星发出光芒和鲜花散发香气一样，自己并不知觉。人们仰慕他的谦逊，默默跟随着他，从来不告诉他身后的奇迹。很快，大家甚至忘记了他的名字，称他为

“圣影”。

我们能在不知不觉中帮助别人，想想就觉得欣慰。我曾经的一位私人治疗师给我的生活带来了巨大变化，但她可能完全没有意识到。其实我甚至不知道她的名字，而且她应该也早已忘记了我的名字。

29岁时，医生做手术帮我切除了大部分肠道，我需要再做一个回肠造口术。我的腹部有一段肠管是打开的，用一个设计巧妙的塑料器具将它盖住，我每隔几天就要取下并更换一次。对于一个年轻女性来说，这不是一件容易的事。虽然这次手术让我在体力上恢复了很多，但手术器械和身体里的内部变化让我感到自己不同于其他女性，永远无法成为一个优雅美丽的女性。

一开始，我还无法自己更换那个塑料器具，由造口治疗师为我更换。这些专业的护理人员穿着白色衣服走进我的病房，穿上围裙，戴上口罩和手套，取下并更换我身上的器具。完成任务后，他们会脱掉防护服，仔细洗手。这一整套仪式让我的处境更加艰难。我感到羞愧。

一天，来帮我更换器具的是一个和我年纪相仿的姑娘。当时已是深夜，她没有穿白大褂，而是穿着丝绸连衣裙、长筒袜和高跟鞋。她友好地问我是否准备好换器具了，我点点头。她把旧的盖子拔出来，拿出一个新的，以最简单、最自然的方式取下了旧器具，换上了新的，甚至都没有戴手套。我记得我看着她的手。在触摸我之前，她已经仔细地洗过手了，那是一双柔软、温和、精心护理过的手。她涂着淡粉色的指甲油，戴着金色的戒指。

愿意以如此自然的方式触摸我，她可能并不清楚这一点对我来说意味着什么。短短10分钟内，她不仅照顾了我的身体，还治愈了我的伤口，给了我希望。最专业的人员并不总是最能治愈人。

在过去的几年里，人们十分关注所谓奇迹。许多人越来越意识到，在不经意间，见解和指导可能以意想不到的方式出现。也有很多书写到人见到了奇迹，并得到了帮助与治愈。但大家还没有普遍认可，除了所谓奇迹，任何一个人都可以传递治愈和指引的信息，我们就是彼此的奇迹。我们和那些奇迹之间的区别在于，我们经常在不知情的情况下传递这些信息。就像“圣影”的故事。

根据我和许多其他治疗师的经验，当我面临困难的个人问题或难以抉择的事，或者与我自身的某些顽固和固执的部分作斗争时，就会发生非常奇怪的事情。我的许多客户会向我提出一些问题，而他们并不知道我也在纠结着个人问题，在他们针对自己的情况解决这些问题时，其实也为我提供了帮助，我会从他们的努力、引导和视角中得到治愈。有时我们面对的是同样的问题，有时他们是在解决其他问题的过程中，无意间的一句话或一个想法就消除了我的困惑，让我得到了解脱。

这样的例子有很多，但我对一件事记忆尤其深刻。有一次，我发现一个朋友把我的一些想法和练习写进了她的畅销书中，却没有在致谢中提及来源。我很受伤，有一种被朋友背叛的感觉。直到我当天的第三位客户坐下来，愉快地对我说：“但知行好事，莫问谁受益。”我很惊讶，问她是什么事让她这么想。她说：“哦，刚刚有辆车从我的停车位开出去，它保险杠贴纸上就这么写的。”

也许世界就是一个巨大的疗愈社区，我们都是治愈彼此的人。也许我们都是奇迹，只是我们不知道罢了。

有时，我们不会直接地得到指引。25年前，我陷入了两种范式之间。当时，我已经在斯坦福大学医学院工作了几年，但我变得越来越不安。很多人来与我交流，有人类学家、心理学家、艺术家、来自医学界之外的信息传递者们，以及对疼痛和苦难有不同解读的学生。我发现自己与他们聊的内容开始更多偏向于治愈而不是治疗。

那是1973年，当时这些想法在医学工作或教学中并没有立足之地，然而，我自己也是一名患者，我认可这些想法，而且它们对我来说似乎意义重大。我开始对某些事情感到好奇。人们对自我的看法是否会影响他们康复的能力？人们是不是能凭直觉感知自己的治疗方向？除了正确的诊断和提供适当的治疗，还有其他办法可以帮助人们康复吗？医生与患者的关系是否像药物一样深刻地影响治疗结果？慢慢地，我开始质疑周围的人深信不疑的事情。一段时间后，我感觉自己与同事的观点越来越不同，我无法跨越我们在思想上日益扩大的鸿沟。这是个可怕的趋势。

这件事给我带来很大压力，我开始犹豫还要不要继续目前的工作，当然我也找不到别的工作方向。我觉得自己似乎不属于任何地方，甚至不再确定自己是谁，对曾经的信念也产生了怀疑。

就有这个时候，一个新朋友送了我一本诗集——哈利勒·纪伯伦（Khalil Gibran）的《先知》（*The Prophet*），里面有几幅诗人自己画的插图，其中一幅画的内容是手掌上有一只人眼，那眼神十分温柔，充满同情心。我得知这是印度文化中的治疗符号。在印度文化中，被称为“脉轮”的能量中心就在手掌中，连接着疗愈师的手和心，传递着智慧和能量，治愈他人。这与我接受的医学训练完全不同，曾经的训练让我相信只有具备足够的知识才能治愈患者。但不知道为什么，这种能够用手去“看”的古老思想对我来说很有吸引力，我对此思考了很多，似乎对它很熟悉。最后，我把这一页撕下来并装裱起来。把它放在斯坦福的办公室里不太合适，所以我把它放在家里的书桌前。

我的压力越来越大，然后我还意想不到地得到了一次重大的晋升。在一片祝贺声中，我变得愈发不安。似乎必须要做出抉择了，是继续坚持我花了半辈子时间要走的路，一条获得认可、安全和专业认可的路，还是走另一条模糊的、难以理解的、通向未知的路？我怎么会想着走另一条路呢？其他医生不知道多想得到这个晋升机会，我也非常想接受这个机会，但一些事让我犹豫着，我开始拖延时间。

我当时住在美国的西海岸，而家人住在东海岸。每年我都要飞越全美去看望父母。夏天飞去纽约，冬天飞去佛罗里达州。趁着35岁生日即将到来，我怀着沉重的心情，飞到佛罗里达州，与家人共度一周。家里人曾经承受着巨大的经济压力来支持我接受医学培训，我的晋升一定会让他们觉得很满意，但不知怎么的，我却开不了口告诉他们我晋升了。

生日那天，我和妈妈一起散步。走了一会儿之后，我们在公园的长椅上坐下。沐浴着佛罗里达州的阳光，妈妈说起了我出生时候的事。我是剖腹产提前出生的，所以在保温箱里待了一段时间。她对此感到内疚，好像我的痛苦都是她的错。我从未听她说过这些，所以深受感动。当我坐在那里听她讲我自己的故事时，脑子里有一个清晰的想法，只有妈妈从我出生就了解我，她知道我是谁。

就在这时，母亲转过身去，看着坐在旁边长椅上的一位年轻女子，她正在和年幼的女儿玩耍。那孩子用记号笔在指尖画出小脸，和它们说话，就好像它们是木偶一样。她和她妈妈都在笑。我被这一场景吸引了。

我们静静看了一会儿后，母亲笑着转向我，用强调的语气说："有些事情永远不会改变。"

"什么？妈妈，这是什么意思？"她高兴地回忆起往事，说我小的时候也喜欢在手上画画。我完全不记得了，问她我是不是也在指尖画小脸。

"不，你小时候常做一件有趣的事，拿着你爸的自来水笔在手掌上画眼睛。然后你会把手举在脸的两边，手掌像这样朝前。"母亲一边说着一边做给我看。"你会闭上眼睛说，'现在我能看到你了'，然后傻笑。真有趣。有时你好几天都不让我们给你洗手。你当时大约4岁，还记得吗？"

在儿科诊所时，我平均每天洗三四十次手。也许这些年来，我已经洗去了我的眼睛。大约两周后，我从斯坦福大学辞职，开始寻找我失去的眼睛。

治愈是相互的

我的一位患者曾经将疗愈师定义为，在任何特定时刻，都能够比你自己更清楚地看到你朝着更完整的方向发展。我还记得和一位同事一起从旧金山飞去波士顿参加医学会议，期间我治愈了他两次，他治愈了我三次。

弗兰克是一名中年内科医生，在美国中西部一家市中心医院任科室主任。一段时间以来，他一直在私下考虑转行，去从事一些能让他获得满足感的事情。在他做出重大选择之前，有人建议他参加一下我开设的医生培训项目。在过去的9个月里，他一直在为自己找回工作中的满足感。他说起有一次参加了有关直觉力量的周末研讨会，后来回到诊所发生的故事：

他所在的科室属于一家大型教学医院。作为员工，他工作的一部分是为那些没有“教学价值”的患者看病。那些具有医学挑战或有诊断问题的患者会被留给仍在接受培训的年轻医生。

那个星期一下午，他的一个病人，冈萨雷斯夫人会在下午两点定期复诊。她年纪比较大，可能有80岁，乳腺癌晚期。对于她的病情，已经没有进一步治疗的可行方案了。所以每次就诊时，弗兰克都会听她讲述一周的情况，调整她的止痛药，竭尽所能开解她。

那天他一如既往地对保守治疗的药物进行了调整。然后他想起周末的直觉力量研讨会，决定思考一下，看看他的直觉对于这位患者是什么态度。结果令他惊讶，他的直觉认为对于冈萨雷斯夫人来说，现在最有帮助的事就是一起为她祈祷。

弗兰克平时不会这样做，所以对此他有些担心。从职业角度来说，这对他来说是有风险的。他在脑海中回顾了研讨会上的危险对照清单：有不这样做的理由吗？遵循直觉会对任何人造成伤害吗？这么做会延迟或否定一些必要的治疗吗？会让任何人感到尴尬或羞愧吗？逐一验证之后，他找不到放弃这一想法的理由。所以他决定这样做。

于是，弗兰克转向这位生病的老奶奶说：“冈萨雷斯夫人，也许我们可以一起祈祷。”冈萨雷斯夫人看着他，哭了起来。

幸运的是，他没有像我多年前被训练的那样，在病人哭泣时叫护士过来。他做了他在另一个培训研讨会上学到的方法：握着病人的手，怀着尊敬之情接纳她的情绪，等待她自己平复。病人迟迟没有松开他的手，对他说：“那太棒了，医生。”然后她询问是否可以跪下祈祷。弗兰克有些震惊，看了看门口，门是关着的。他对这种操作很陌生，但既然已经提出来了，那就继续吧，所以他回答：“当然。”

于是，穿着白大褂的弗兰克帮助冈萨雷斯夫人跪下，自己和她一起跪在狭小的检查室里。冈萨雷斯夫人开始祈祷，先是用西班牙语，然后用英语。弗兰克已经很多年没有这样做了，但冈萨雷斯夫人的声音让他平静下来，并唤醒了他的记忆，让他想起了自己的童年。冈萨雷斯夫人祈祷结束时，他也大声说出了祷告词。然后是长时间的沉默。

然后，这位老妇人非常温柔地把手伸过去，摸了摸他的脸颊。她先用西班牙语，然后用英语请求上帝保佑他，并在他这份重要的工作中给予他力量。弗兰克说，哪怕6个月后，他仍然能感觉到那只手的触感。遇到困难时他就会想起那种感觉，这对他很有帮助。

弗兰克现在经常和病人一起祈祷，既为他们，也为自己。

许多医生之所以在工作中感到精疲力竭，是因为他们不知道如何放开心态，从病人那里接受事物。医学训练让医生认为接受是不专业的。大多数人在成长过程中受到的教育也将接受视为一种弱点。

看　见

生命垂危的人能以不同寻常的方式治愈其他人。在他死后多年，许多人还能记住他临终时说的话，并铭记一生。也许垂死的人像精神导师一样，能让人看见某些东西。

这个过程非常感人。就像精神导师坐在他的门徒面前，抛出许多小块糖果和蜜饯，象征着他开悟的智慧。接到糖果的门徒吃下糖果，将代表智慧的甜蜜融入自己。我们接收的智慧仿佛成为我们的一部分。

将死之人所说的话和观点常常以同样的方式成为我们的一部分，改变我们，帮助我们活得更好。

有一位女士，她和我不算好朋友，但她的死亡让我感受到了这种力量。她很直率，有些吹毛求疵，她的锋芒令人生畏。我很欣赏她的工作，我们也在同一个圈子里，但我一直和她保持距离。得知她确诊癌症时，我也没有亲自打电话给她，只是给共同的朋友打电话来了解她的病情。我并不知道我们的生命多年来一直有交集，所以当她的丈夫打电话给我说玛丽快要死了，想见我时，我很惊讶。我很好奇她为什么会想见我，所以我去了。

那个邀请我去她卧室的女人与之前判若两人。她又瘦又秃，病得很重，但依然美丽动人。她如同女王一般亲切地拍了拍床，示意我坐上去。接下来的4个小时是我经历过的最亲密、最坚强、最治愈的时刻之一。我们聊了疾病和痛苦，她轻描淡写地说自己不用再受苦了；又聊到了她的生活，她的人际关系，包括家人和朋友；我们还相互打趣。她的丈夫还和我们一起读了书，还是她最爱的一篇。其中一些内容至今仍然萦绕在我的脑海中："她手拿捻线竿，手把纺线车。""她不因下雪为家里的人担心，因为全家都穿着朱红衣服。"我们喝着果汁饮料，把它当作美酒一般在嘴里回味。

我们还聊到了生命中死亡这一刻的力量。她说自己终于摆脱了这一生的自我限制和自我怀疑，可以以一种全新的方式去接触别人。她对此十分感激，也感谢这一刻让她豁然开朗，不再愤怒，不再急于评判别人，而是看到他人身上的美。她不知道为什么会在这个时候得到生命的馈赠，不知道这种馈赠是不是有什么用处。我说，如果是有什么用处，生命会指示你怎么使用。临走的时候我依依不舍，我仿佛得到了一位高人的接见，但她是玛丽。最后，她说着说着就睡着了，我就离开了。

几天后，玛丽的丈夫打电话说她昏迷了，问我是否想去和她道别。她家一片安静祥和，我上到二楼去她的卧室，她的周围是一片神圣的寂静感。玛丽躺在床上，处于深度昏迷状态，呼吸微弱。我拉着她的手，坐在她身旁，想着我们上次的聊天。突然，她睁开了眼睛，那眼神如孩童般清澈、诚恳。在她专注的凝视中，我觉得自己赤身裸体，一切细节和不完整都被她看在眼里。但我并不觉得尴尬，也不觉得脆弱。她就这样久久注视着我，然后温柔地笑着说：“我爱你。”随后闭上了眼睛，再次陷入昏迷。

我将那一刻珍藏心底。玛丽的丈夫说，玛丽昏迷后，来看她的许多人都有类似的经历。她睁开眼睛，以同样独特的方式与他们见面，最后也说了同样的话。回顾那个时刻，她只是对我们表达了亲密的爱，但它的力量难以描述，有点像零假设。零假设是一种研究原则，用于研究在任何情况下都成立的普遍法则和原理。它指出，如果发现任何一个法则不成立的案例，那么法则本身就无效。

我们的内心世界有一些法则，像引力一样牢牢束缚着我们每个人，束缚着我们对自己和生活的信念。总的来说，我们的法则在任何情况下、任何时候都是正确的。其中一种想法就是觉得自己的存在没有什么价值，而当有人对我们表现出哪怕一瞬间无条件的爱时，我们就会开始质疑这种长期以来的无价值感，使其无效。

也许玛丽与我们相处的最后时刻对她来说也是一个治愈的时刻。在多年愤怒和自我怀疑后，书中的话终于成真：“她知道自己的经营获利，她的灯终夜不灭。”

第八章

避难所

我的老猫查尔斯已经18岁了，它有很多藏身之地。一旦进入其中，它的状态就不一样了，不再保持警惕，不必评估环境的潜在威胁。在它的藏身地，它看起来很平静，无所畏惧。

它的藏身处很多，有的是猫科动物的惯用避难所，比如床下、窗帘后面或壁橱里；有些则是这所房子独有的，比如楼梯下的角落或电视后面。但有一个地方就在我们眼皮底下，是客厅地毯上的某个位置。查尔斯趴在这里时，就像处于其他藏身地一样，不受侵扰，即便是快递员、邻居家的孩子来了，甚至兽医来了，众目睽睽之下，它也平静而放松。它是它自己。它趴在那里看起来那么安全，看着它，你会觉得那里就只有它自己。

在一本关于西班牙的书中，我记得读到过一篇有关斗牛的有趣文章。斗牛场上有一个地方会让公牛感到安全。当公牛到达这个地方时，它就会停止奔跑，开始集聚全力，不再害怕。对斗牛士来说，公牛此时会变得很危险。每头公牛在斗牛场上的避难所都不一样，而斗牛士的工作是要意识到这一点，找到每头公牛的避难所在哪，阻止公牛到达这个位置积蓄力量。

在斗牛中，这个安全位置被称为“旧巢”（西班牙语querencia）。对人类来说，“旧巢”是我们内心世界的一个地方，通常是一个我们熟悉的地方，但只有在危机时刻我们才会意识到它的存在。它有时是一种观点，或者一种生活的立场，因人而异。

通常它只是内心深处一个让人获得平静的地方。

在指导癌症患者进行冥想时，我会建议他们先“找一个安全的地方”。一位最近确诊结肠癌的男士曾告诉我：

“因为找不到安全的地方，我以前从未做过冥想练习。我找遍了各种地方，想象自己在家里，在钓鳟鱼，坐在办公桌旁，或会议室的首席，都不行。在整个过程中，我觉得这种寻找的感觉很熟悉，好像我一辈子都在找这么一个安全的地方。我开始感到绝望。最后，我想象自己是个躺在母亲怀里的小男孩。

“这个方法果然奏效。我渐渐平静下来，内心也更加安静，最终感到安全。就在此时，我突然意识到环绕着我的并不是妈妈的手臂，而是我自己的。真正的安全地带就在我的内心，我这一辈子却一直在外界寻找。所有的藏身之处、所有的成就都存在于我的内心，怪不得我之前一直找不到。”

在帮助癌症患者期间，我看到人们在找到自己的“旧巢”时会发生一些转变。他们就像找到了自己安全位置的斗牛一般，即便被斗牛士死死盯住，依然冷静、平和、明智，积攒着周围的力量。内心的平静才是最安全的地方，胜过其他一切藏身之处。

正因如此，我被家附近那一大片红杉林的寂静吸引着。我常常早起，匆匆忙忙穿好衣服，赶在旅游巴士和载着来自世界各地游客的汽车抵达之前进入森林，感叹大自然的雄伟壮观。早上8点，看着大树伫立在一片寂静中，人的内心也得到休息。那是一种古老的寂静，比树木更为壮观。

有时，两次闹铃也没叫醒我，等我醒来的时候，第一班公交车已经载着游客到达树林。尽管如此，我还是会去。那里已经有好几百号人，说着法语、德语、西班牙语等各国语言。人们互相表达惊叹，用日语、瑞典语、俄语和一些我不懂的语言呼唤他们的孩子，孩子们则纷纷尖叫表达惊叹。即便在这种场景中，我还是能感受到如同往日一般的寂静，丝毫没有变化。它就像树木本身一样，对这些掠过的声音无动于衷。

随着年龄的增长，我发现自己开始拥有这种内心的平静，它与我的脾气和恐惧共存，不因快乐或痛苦而改变。那就是我的避难所，是一切平静的源头。

独一无二

在一片初生红杉林里，参天大树遮挡了大部分阳光。几公里外生长茂盛的植物在这里却不见踪影。在山上，树叶朝着四面八方生长。但在这半暗的树林里，所有的叶子都展开并朝上。即使是小型植物，比如碎米荠和绣球花，还有长得像大号三叶草的红花酢浆草，也会展开叶子。一些较大的植物的叶子有餐盘那么大，平行地悬浮于地面上。光线更暗时，植物为了活下来并长大，会让叶子朝上。人也一样，我的许多病人都像这些植物一样，努力向上生长。

这么多年我听到了各种故事，我发现人类内在的本质是独特的，我们每个人都是独一无二的。在人类历史上，每个人都是独一无二的存在。一位正在接受前列腺癌康复治疗的公司首席执行官在一次晨间冥想中也意识到了这一点。他突然产生了一个简单的念头："我就是我。"随之而来的是一种深刻的平静感和对自己从未有过的接纳。他对此非常惊讶，于是给我写信说：

"今天早上我震惊地发现，我是唯一的我。我认为这是一切的关键——同情、善良、对生命的信任、神秘，一种真实而不夸张的重要性和自我价值感。我一生中的大部分时间都在与别人比较。他们在福布斯榜单上排在我前面吗？在董事会的地位比我高吗？他们更聪明吗，或者更性感吗？他们的发量更多吗？一直以来，大家都是这么看待事物的。但我不是公司的标准化产品，而是手工制品，虽不完美，却是创作而成，而不是技术的产物。其他人也一样，是各自唯一的‘我’。”

这种发自内心的见解可以像经验一样给人带来深刻的变化。几个月后，这位首席执行官发现他会以一种全新的方式去看待别人，很自然地尊敬每一个人，愿意去倾听别人，想了解其他人的独特之处。对于差异，他以前常常会批评或者不屑一顾，但现在他把这些差异看作是值得欣赏和理解的独特性。他从以前被他忽略的人身上学到了很多有价值的东西。他不再与人比较，人们和他说话的方式也不一样了。

另一位更加务实的患者以不同的方式经历了观念的转变，同样学会了欣赏别人。

这位患者在接受每日的放射治疗途中，走进一家大型医院乘坐电梯，他注意到电梯里还有另一个人。就在一同坐电梯的过程中，我这位患者突然冒出奇怪的念头：

“我们很有可能完全不会相遇。如果他没有找到那个停车位，在停车场多转了一会儿，或者如果今天天气不好，我走得比较慢，我们就不会一起站在这里。或者就算他找到了那个停车位，但停下来买了份报纸，或者如果我停下来买报纸，我们的生命就不会有交集。”

然后他继续想：“如果我没有进入耶鲁大学，没有遇到那位激励我成为统计学家的老师，我会怎么样？我现在很可能做着其他工作，住在其他地方。或者有一个比我更优秀的人申请了同一份工作，我可能也不会在加州。或者我母亲没能认识我父亲，祖母没有认识祖父，以此类推到难以想象的遥远过去。如果这些人中有任何一个人错过了彼此，向左或向右拐了，我就不可能出生，而这种事情发生的概率很大，就像我早上可能因为买报纸错过眼前这个人一样。对他来说也是如此，只要有一个差错，他就不会出生。然而，即便概率渺茫，我们还是相遇了。”

作为一名统计学家，他想着种种事件可能造就了他与这个陌生人的相遇，深受感动。然后他想起了他在这个特别的时刻所说的话：“不好意思，可以帮我按下10楼吗？”

这次经历改变了这位患者，他发现自己对隐藏的可能性更加开放，更加感激出现在他生命里的其他人，更加好奇在最普通的关系中可能存在的意义或指导。“就好像有什么东西摇了摇我的肩膀，说：‘醒醒！生活中可能有比眼前更多的东西。’”

我提到的这两位患者都不认为那是一种心灵体验，但在我看来，这两个人的经历都是对世界潜在现实的体验，是走出自我世界才会拥有的体验。

我是个不太好的冥想者，但没关系，我认为生命本身就是一场修行。随着时间的推移，日常生活似乎就能让我们得到提升。很多人在普通生活中，通过子女、工作、友谊、疾病，或者只是在某个电梯里，就能领悟到更重要的现实。

身患重病的人，他们的亲人、朋友、家人甚至医务人员都会产生许多认识，其中最有力量的认识就是承认世界是神圣的。他们用这一认识治愈身边的群体。就算他们病逝，这一认识仍会成为他们留下的遗产。

第九章

神秘与敬畏

Mystery and Awe

我的弗兰克叔叔住在一栋褐沙石建筑里，那里有他的医务室。在地下室角落里有一个厚纸板做的破旧衣柜。小时候，我每个星期六的早晨经常一个人在地下室玩，在那里等我的父亲，他会帮叔叔给病人做X光检查。有一天，好奇，或者说无聊的我费力打开了衣柜，里面是锈迹斑斑的铰链，钩子上挂着一副人体骨架。

我开心极了。我端详了它很久，欣赏那美丽的形状和象牙色柔软的骨头，还有巧妙地将骨头固定在一起的黄铜别针。我发现，只要站在椅子上，我就能把它从钩子上拿下来。它不是很重。之后的很长一段时间，它成了我的玩伴。它是我无休止的茶话会的客人，是我秘密的知己。现在回想起来，那画面太奇怪了，但当时看起来并不奇怪，也不恐怖。

大约在那个期间，我遭受了以升降机为中心的一系列重复的夜惊。20世纪40年代的公寓走廊里都会有升降机，它的功能是将杂货从一楼大厅升到高层，或者将垃圾降到地下室的焚烧炉。这是一个在竖井中上下移动的箱子，通过绳索和滑轮系统手动操作。人们打开门时，升降盒一般就在上面或下面最近使用过的邻居家的地板上。我母亲会把手伸进黑暗的竖井里，拉动绳子，直到木箱出现。

竖井里黑乎乎的，让我害怕，很长一段时间我几乎每晚都会梦到它。我总觉得黑暗是活着的，总有一天晚上它会逃离它的藏身之地，抓住我。所以我开着灯才能睡着。直到大楼里安装了电梯，升降井被封住，我才不再夜惊。这些恐惧是我当时生活中的重要部分。在茶话会上，我会向那副骨架讲述我的恐惧。即使那时我还小，因为我熟悉这副人体骨架，所以相比未知的竖升，这熟悉的事物更让我感到舒服。

作为一名医生，我受到的训练是要像对待疾病一样积极对待不确定性，一切未知都是敌人。在这种世界观中，疑问等于突发事件，意味着有些事情不可控，需要快速、高效、以较低的成本弄清楚。但死亡将我带到了确定性的边缘，仿佛进入了问题之城。

多年来我一直在用未知换取专业。对于我观察到的事物或别人告诉我的事物，我觉得必须进行合理解释，我很难去直接接受，我觉得直接接受是件可怕的事。说“我不知道”是可耻的，是作为一个人的失败，也是专业上的失败。在我接受的医学培训中，从来没有听到过有人大声说出“我不知道”。

但当我听了越来越多身患重病的人讲述自己的故事后，我开始认为说“不知道”只是一种诚实的表现。对于一些事情的发生，我能给出的解释变得越来越空洞，就像一个孩子在黑暗中吹口哨。事实是，很多时候我不知道，也无法解释。最后，我被许多许多的未知压垮了，未知正是疾病和治疗的一部分，我投降了。这一刻，我觉醒了。

我第一次对曾经不愿看到的事物感到好奇。对于一些矛盾的事物，我以前会不经过深思熟虑就做出解释，或者直接忽视，但现在我对这些矛盾更加敏感，更愿意向患者提问，鼓励他们说出更多故事，那些原本我会错过的故事。我最终发现，作为一名医生，我保护的那些生命是宝贵的，也是神圣的。

我不再觉得生活是普通的，生活中处处都是未知的事物，已知的事物只是未知冰山中我们所能瞥见的一角。然而，即使是短暂一瞥也能给我们力量。

未知似乎有安慰的力量，它提供希望，并为失去和痛苦赋予意义。在这样的时刻，未知的事物竟然反而会让我们更有力量。以前，在情况完全不确定，也无法确定的时候，我会强行给人们提供确定性，但现在我只是陪伴，分享我对未知、可能性和奇迹的感受。20年的癌症患者康复工作让我发现，对于无法证明的事，我们可以不怀疑也不接受，而只是保持开放的态度，耐心等待。

我承认，对于这类事情，我可能永远不会知道真相。越是重要的问题，似乎越不会有现成的答案。但当人们把问题与人分享时，问题就有了治愈的力量。答案是在邀请你停止思考，停止好奇。但生活不会停止，生活是一个过程，每个事件都与刚刚过去的时刻关联。一个没有答案的问题会陪着你一路前行，它能让你看清前路。

刚进医学院时，我被随机选为班级摄影师，学校给了我一台相机，让我为年鉴拍照。我拍了4年的照片。起初，我觉得这是个负担，要带着沉重的相机去上课，要注意观察。但随着时间的推移，这台相机让我对周围的普通环境有了更清晰的认识，即便在一些不起眼的地方也有美的事物。它好像给了我一双新的眼睛。一个好的问题就如同这台蔡司相机。

一些童话故事中会有一个魔法词，它可以解开在某人身上施的咒语，让他们获得自由。我小的时候，会急切地想要看到王子或公主发现这个魔法词，说出来，然后重获新生。通常这些魔法词都是类似“Shazam”这种没有意义的词。而我的魔法词就是“我不知道”。

自　由

我刚刚开始为癌症病人做私人咨询的时候，一位患者去世了。他年纪不大，才40岁，是位患有胰腺癌的工程师，他的肿瘤医生把他转诊到我这里。那位医生说："治疗方法用尽了。我很乐意跟他交谈，但我真的帮不了他了。"我知道这位医生十分善良，他应该是觉得自己除了专业知识之外，没有什么别的可以帮到他的病人了。所以我说我愿意和这个没有办法进一步治疗的人谈谈。

不久以后，我们的咨询开始了。理查德比较内向，个子很高，面容憔悴。他总是精心打扮。他穿的应该是生病之前的衣服，很明显宽松了许多。我被他那使他坚持下去的钢铁般的意志深深打动了，患者的这种精神常常打动我。他拒绝了我的上门咨询，坚持要自己来我办公室。他的家人后来告诉我，他每次出门前穿衣服就要花两个多小时。他不让家人帮忙，穿上一只鞋后要休息一会，再艰难地穿上另一只。

我一共给他做了四到五次咨询。我们聊了很多事情：他的症状，生病的痛苦，与人隔绝的孤独感，与家人开诚布公的沟通。有一两次，他的家人也来了，我们一起交谈，这对他很有帮助。

有一天，他问我是否可以给他开药。我心里一沉，问："你痛吗？"是不是他复杂的疼痛控制机制失效了？如果是这样，我们也别无他法。他摇了摇头说："不疼，但我一直很焦虑，已经两个晚上睡不着了，就躺在那里。你能给我开点药吗？"

我说可以，问他知不知道是什么原因导致失眠。我说："你都坚持到现在了，为什么最近会失眠呢？"

他也不清楚原因。

难道是做梦吗？"只有一次。"他说，梦里有一头贪婪的野兽在追赶他，他看不到它，但是知道它就在那里。然后他就醒了，满头大汗，其他什么也记不起来了。我等着他继续说，但他并没有想到自己的感受和这个梦有关。

"也许我们应该重温那个梦，说不定有助于我们理解。"我建议。他点头表示同意。然后我让他闭上眼睛，做几次深呼吸，准备好了就告诉我。他示意我准备就绪后，我让他想象自己在梦里，他很容易就做到了。在想象中，他开始奔跑。接下来的10到15分钟，我用尽各种办法让他与追捕他的野兽建立另一种关系，让他摆脱猎物的束缚。全都没有用。"变成隐形人。"我建议。

"它能看到我。"

"藏在什么东西后面。"

"它知道我在哪儿。"

"和它说话。"

“它不会回答我的。”野兽一步步逼近他，他越来越焦虑。

眼看着他无法逃脱，我开始问他关于野兽的问题。他说还是看不见它，只能不停奔跑。但随着他回答了一个个问题，他对野兽有了更多了解。他说这头野兽一副势不可挡、冷酷无情的样子，完全没法和它谈判。它“不可避免”，但不邪恶，他很清楚这一点。事实上，他说一切看起来似乎都在意料之中。过了一会儿，我对他说：“你知道吗，理查德，你已经试过了所有方法。也许你唯一能做的就是让它吃掉你。”

我本来以为他会反对，会说到他舍不得生命里的哪些东西，哪些人，但他立即朝着野兽的方向去了，想象自己被追上了。场面一度变得紧张起来。理查德闭着眼睛坐在那里，泪流满面，满头大汗，剧烈发抖，我能听到他的椅子在剧烈晃动。他看起来十分虚弱，我开始怀疑自己这么做是否明智。但慢慢地，颤抖停止了，他逐渐平静下来。整个房间陷入一片死寂，我仿佛看到了阳光，但那会儿已经是下午5点了。我突然想起了那个患白血病的小男孩，他当时似乎知道自己要回家了，我能清楚地看到他盘腿坐在枕头上，对我微笑。

理查德看起来很放松，很平静。我也是。我们一起坐了一会儿，然后他温柔地说：“有光，只有光。我是光。”我们又坐了一会儿。然后他睁开眼睛说：“嘿，我一点也不焦虑了。太好了，医生。”咨询结束了，他离开了。我忘了给他开药，他也没有找我要。

我当时对这种咨询还比较陌生，后来的三四天里，我一直在思考这次咨询。理智上看，我怀疑理查德的焦虑与弗洛伊德所说的对非存在的恐惧有关。但理查德的梦境似乎有所不同，和我最近读到的关于濒死体验的内容很像，医学文献中并没有相关叙述。

最后，我打电话到理查德家，说一直牵挂着他。“你怎么样？”他用一种轻松愉快的语气告诉我，说自己的身体越来越差了。他向我描述了他的新症状，但他对于这些重大的身体变化表现得很平静。我把这一感受告诉了他，他说：“是的，我感觉不一样了。那次咨询很有帮助。”

“你怎么打发时间？”

“只是在想些事情。”

“什么样的事情？”

他笑着说：“一些疯狂的想法。”

“讲一讲。”

他告诉我，前一天，他躺在床上，想着起床，突然从眼角余光中感觉到身后有个障碍物或者屏障之类的东西。注意到它时，他意识到自己一直都知道它在那里，但以前从未看到它。我让他继续说，他说：“嗯，我站在这个屏障的一边，但同时，我也站在另一边。我不知道这意味着什么。你知道吗？”

“我不知道。”我说。

他说：“我常常想这个问题，思考让我感觉很好，就像在你办公室里那种感觉，平静而愉快。”

“这种感觉挺好的。”我说。

他说：“是啊。”

我们沉默了一会儿，他轻轻地笑了起来，挂断了电话。两三天后，我听说他去世了。我会想，也许他的离世和他原本想的不太一样。我愿意这样想，但我也不知道是不是这样。他的笑声似乎就在我耳畔。

问 题

蒂姆的父亲在生前最后的10年间患有阿尔茨海默病。蒂姆的母亲悉心照顾着他，但他的病情还是日渐恶化，到后来就是一个会走路的植物人，不会说话，需要人喂饭，需要别人给他穿衣服，像照顾小孩子一样照顾他。蒂姆和他哥哥长大后，可以短时间地陪着父亲，母亲就可以抽身去做一些家务。一个星期日，蒂姆的母亲出去买东西，兄弟俩当时一个15岁，一个17岁，他们在看足球比赛，父亲就坐在旁边的椅子上。突然父亲向前倒在了地板上。两个儿子立刻意识到情况很严重。父亲脸色苍白，呼吸不均匀，喘着粗气。蒂姆的哥哥吓坏了，让蒂姆叫救护车。他还没来得及回应，突然出现了一个声音。那是他们10年来都未曾听过、几乎要忘记的声音："儿子，不要叫救护车。告诉妈妈我爱她，告诉她我很好。"说完，他们的父亲去世了。

蒂姆现在是一名心脏病学家，他环顾房间，看着周围听入迷了的医生们。他平静地告诉我们："因为他在家中意外死亡，法律要求我们进行尸检。疾病几乎完全摧毁了父亲的大脑。多年来，我不断问自己：‘当时真的是父亲在说话吗？’医学课本中对此没有任何解释。直到现在，我也不明白。但这个问题总能让我想起一些重要的事情，一些我不想忘记的事情。生命中的很多事要不是亲眼所见，根本无法让人相信。”

什么是只手之声[①]

“孩子们，这世上发生的一切都有两种解释：好的原因和真实的原因。”我四年级的老师马林斯夫人是一个有趣的人，她还说过许多这样愤世嫉俗的话。她教的孩子都太小了，根本无法理解她的意思，那时的我又怕错过老师说的重要信息，就把一些话记了下来。20年后，我在笔记本上看到自己写下的这句话，字迹稚嫩。那时我已经是一名年轻的医生了，也很愤世嫉俗，对于曾经的老师如此评价这世界的狡诈，我轻声笑笑，因为我认为这两个原因只有一个成立。差不多50年后，我现在觉得两个原因都成立。

每个故事的核心都是传达奥义。我们认为的事件原因可能与它们的真正原因相去甚远。通常，我们对事件最初的解读与最后一次的解读大相径庭。奥义需要经历一个过程才会显现，我们对事件的理解也需要一个过程。

① 禅宗公案。

我们能够寻找并发现生命的意义，最重要的是能接受悖论，以及保持不脸红的认知失调[①]。客观世界和主观世界相互叠加，精神上的因果关系往往和直接因果关系不同，但两者都在同一空间下，因此与其说真相只能用精神上的因果或直接因果之一来解释，不如说是两者都可以解释。所以，也许马林斯夫人比她自己知道的更聪明。对于这个世界上发生的一切，都有两种解释：好的原因和真实的原因。

想想禅宗的公案，师父间彼此提问，或师父向弟子提问。公案代表一种进退两难的处境，是理性思维无法解决的难题或谜团。通过挫败或阻碍我们平时常用的获取答案、了解或理解的策略，它促使我们寻找新的方法。解决公案的关键是学生要发生根本上的转变，对问题本身有新的理解。

在提出公案时，师父以一种高度个人化的方式让弟子沉浸于奥义之中，这个过程中，弟子逐渐熟悉问题，有时还要纠结很久。起初，弟子对问题的反应和我们所有人一样：沮丧、愤怒的自满，感到不公正与受伤害，自怜，甚至迁怒于师父。但这些都对解题无益。穷尽一切方法后，我们开始寻找其他方法，这些新方法会改变我们。通过让惯性思维受阻，进入一种让人开悟的“空”的状态，我们可能会无意中回到所谓“初心”，那是孕育奥义的地方。

我以前并不知道，奥义可以以非常普通的方式显现。在早期的咨询中，我有一位优秀的女性客户，她是一个很有天赋的艺术家和雕塑

① 同时持有不一致的信念和态度所产生的心理冲突。

家，但渐渐染上了酗酒的毛病。许多年前，她跌入人生谷底，失去了4个孩子的抚养权，孩子交由她的母亲来抚养。她最后选择接受治疗，凭借强大的个人毅力康复了，并过上了充实的生活。

她现在50多岁了，事业蒸蒸日上，也拥有了漂亮的公寓。

经过几个月的咨询，她似乎可以以更开放的心态面对生活，我觉得这代表她已经得到了深刻的治愈。当时，我的朋友们参加了一场打开心灵的练习。“心灵冥想”对他们很有效，我就打电话请他们教我。后来这位客户来咨询的时候，我教了她这种冥想方法，而且非常仔细地和她一起复习了一遍。虽然占用了一次咨询的时间，但我觉得很值得。我提醒她每天都要冥想，她说她会的。

一周后，她似乎没有变化。我问她有没有做冥想，她不好意思地说只做过一次。所以在那次咨询的剩余时间里我们又复习了一遍。第二周，她又来咨询，一副焦虑又痛苦的样子。我又问了一次关于冥想的事。不，她完全没做。她不耐烦地说对冥想不太感兴趣，有另一个问题困扰着她，她想跟我聊聊这件事，没心思聊冥想。

她用颤抖的声音告诉我，几周前，一只老鼠跑进了她的公寓。不干净的，甚至是邪恶的东西就这样进入了她费尽千辛万苦打造的美丽空间，这让她感到不安。尽管她认为这件事比较重要，也可能有些象征意义，但我很沮丧。当时，我对精神层面的优雅的感知很局限，不太知道它有多种表现方式。对我来说，对心灵的探讨更重要，这只老鼠却妨碍了我。我叹了口气，说：“再多说一些。”

她越说越气愤。她自己不会装捕鼠器，就请儿子过去帮忙。他试过了，但完全没用。老鼠仍然每晚都来。同事也尽力帮忙，其中一位女士还带了一些诱饵给她，之前老鼠闯入她的车库时她就是用这个诱饵诱捕老鼠的。但还是不管用。最后她要求大楼管理员对她的公寓进行排查，管理员花了一上午时间堵住了所有可能的入口，但老鼠还在。说着说着，她都要哭了，而我却听得很不耐烦，几乎没有注意到她要哭了。

“那你自己做了什么？”我问她。事实证明，除了把能吃的东西都收起来，她并没有做什么努力。我终于开始专心分析她遇到的问题，我注意到有许多人在帮她解决问题。我有些不太友善地指出了这一点。我告诉她：“这老鼠是冲着你去的，你自己如果不做点什么，它可能会一直待在你的公寓。”一说出这话，我就后悔了。这话说得有点重，而且充满了指责。

我为此懊恼了一个星期，觉得自己很没有同情心，当时一心想着自己想讨论的话题。但她又回来咨询，容光焕发。我仍不死心，又问她有没有做心灵冥想。她说完全忘记了，但是发生了很多别的事情。她说那次离开时，她感到很受伤，也很生气，再也不想来咨询了。她气愤了好几天，然后开始琢磨我说的话可能也有几分道理。于是她去了五金店，想买一个不会伤到老鼠的捕鼠器。她还真买到了一个诱捕笼，却不会使用。诱捕笼就“不是她的风格”。她很难受，她说：“我就是太心软了。”最后她意识到，如果这老鼠真是冲着她去的，那就用自己的方式来处理它吧。她去了流浪动物收容所，领养了一只没人要的小猫。自那以后，她就再也没有见过那只老鼠。

说到这里，她的眼眶湿润了。她4岁后就再也没有养过宠物，那年父亲带回家一只小狗。她很喜欢那只小狗。母亲说，她想养小狗，就要自己照顾。但4岁的孩子并不太会照顾小动物。她的母亲脾气暴躁，尤其是喝酒之后。有一天，小狗不停地吠叫和哀嚎，她不知道小狗究竟想要什么，无法让它平静下来。愤怒的母亲就把小狗拖进浴室淹死了。

她的遭遇令我震惊。她轻声说，她一直觉得是自己的错，是她不够爱那只小狗。但现在这只小猫过得很好，越长越壮实，每天下班回家时，它都会在门口迎接她，蹭她的腿，发出呼噜声。最后，她的眼泪夺眶而出，边哭边说："它真的在长大，也许我现在能给它足够的爱了。"

我们可以从多种角度来看待这个故事，但它肯定不是一个关于老鼠的故事。生活为一个从不相信自己的爱的女士提供了体验爱的机会，这种优雅实在令人惊叹。我想这也是一个关于最终因果关系的故事。我把握住了对的时机，但方式不太对。我没有去了解她生活中发生过的事情，因此没有意识到她其实已经在经历治愈的过程，我错认为只有我才能帮客户敞开心扉。可能生活已经在帮助我们治愈，我们却不一定能意识到。一些全新的经历可能就是让人变得更完整的开始，比如认识新朋友的机会、出现在整洁公寓中的老鼠、一直萦绕脑海的奇怪想法，或者那些看起来平庸至极的经历。人们则要尊重在这些全新经历中存在的奥义，理解这些奥义也是成长的核心。

要想解决禅宗公案，就要相信其中必有奥义，相信答案会适时显现。要理解公案，就要找回内心的平静，不要因为无法参透其中奥义而沮丧，而要充满期待地相互倾听，以开放的态度对待理解，同时也要做好心理准备，你可能要接受自己长期不理解的状态，直到你准备好去接纳某种理解。当追寻答案的人逐渐接近答案时，答案就会自行显现。公案的解答通常都是显而易见的：它就在我们面前，但我们以前对它视而不见。一旦开始领悟，我们就很难相信自己曾经是那样看待事物的，我们就再也不会以旧的方式看待事物了。未知事物改变了我们看待问题的方式。

就像好的科学一样，要想解决公案，就要相信那些我们百思不得其解的事情当中一定包含着某种更大的模式，当一个人对这种模式的优雅和事物本质的智慧有了深刻理解时，也就能够理解公案了。那种感觉很奇妙，曾经让我们万分沮丧的奥义，现在成了我们欣赏的对象，仿佛冥冥之中自有安排。

人生中，我们会面临许多似乎无法解决的问题，就像公案一样。然而，人生故事中蕴含的意义和智慧自会显现，就像公案一样。等待这一意义显现的过程就像等待婴儿出生。当我们讲述一个故事或听到一个故事后，就开始孕育故事的意义。有时，这个孕育过程可能需要几周甚至几年的时间。随着时间的推移，在故事的孕育过程中，我们可能会得到许多意义，每一个都比前一个更深刻。那些我讲述过或听过的最好的故事大多数都是这样。

痛苦和疾病当然也是公案。生命本身就是一个公案。人生中发生的一些事会让有的人感到痛苦、失败，而有的人能够像弟子解决公案那样对待人生，他们就能沿着精神轨迹前行。面对这些遭遇，他们的身体和心灵品质都会发生变化。

黑暗的深渊

大家普遍认为，各种形式的光都象征着治愈。许多励志书都会在疗愈冥想和意象中用到太阳，我的一些患者读了这些书，就开始期待出现象征着治愈的光亮。但事情并不一定会如人所愿，可能会出现一些出人意料的事情，比如以下这两位患者的经历。

第一位患者是个销售人员，他一直不愿接受生病的事实，不好好照顾自己，他的医生就把他转介给我。他总是做一些鲁莽的事情，比如腹部手术后不久就去抬沉重的箱子，旅行时忘记吃药。因为这些，他必要的基本治疗好几次被推迟甚至中断，他还患上了一些本来可以避免的疾病。来访前，他出现了药物中毒的症状，右臂几乎失去力量，他自己却没有注意到，还继续服用了三天药，直到他的妻子说他拿不住东西时，他才给医生打电话。医生让他停药。他担心手臂神经可能受到永久性损伤，就同意来找我咨询。

在我们最初的咨询中，他将癌症描述为“我生命中的黑洞，不断把我往里吸”。当普通对话中出现这种意象时，一般并不是随口说出来的，它就像梦境一样，可以反映说话人的潜意识，他们内心的态度和想法。内心的造梦者就是这样在我们无意识的情况下吐露着我们的心声。史蒂夫的措辞表明，他在拼尽全力抵抗这种吸力，不愿屈服于疾病。也许对他来说，关注病情和服用处方药都是在向疾病投降。

我让他注意观察自己说的话中隐藏着的意象，并告诉他其中的含义对他和他的人生来说可能非常重要。也许他用了太多精力去抵抗，以致没有什么精力去生活。他点点头。我问他黑洞里有什么。“只有黑暗。”他简单地回答。我邀请他一起去意象中进行探索，任由自己掉进洞里，看看里面是什么样子。

他犹豫了一下，然后就闭上了眼睛开始进入意象中。他想象自己被吸入洞里，陷进黑暗。以下是我的咨询记录，每一句与下一句之间都有几分钟的沉默。

黑的。非常黑。我在漂浮。

黑暗很轻柔……温柔……它支持着我。

在这里我别无所求……（叹气声）

我累了。

我很放松……完全放松。每个细胞都是放松的。

每个细胞都在打开。我现在充满了……充满了活力。

之前因为无法打开，我无法拥有活力……释放吧。

我现在可以在黑暗中打开自己。

这里到处都是活力。

不论发生什么，都会好起来的……

第二位患者对他的癌症和整个治疗过程感到愤怒。当我问他“你觉得你还需要什么帮你康复吗”，他只简短地说了句：“没有！”我以为是字面意思，就问他“没有”是什么，他说就是“无尽的黑暗”。我告诉他这里面的意象蕴含着强大的力量，鼓励他闭上眼睛，让自己体验一下。

我看到他的面部渐渐放松，问他有什么感觉，并把他的话记录了下来，每一句与下一句之间还是有几分钟的沉默。

黑暗笼罩着我……

我没有掉下去。黑暗托住了我，支撑着我。

我被黑暗包围着。

黑暗那么轻……那么柔。（叹气声）

这里很安全。

我需要安全感。自从确诊后我就没有放松过。（再次叹气）我可以休息了。我太累了。

这里没有痛苦。没有饥饿。什么也不需要。

我让他全身心放松。看着他明显已经进入恍惚或瞌睡状态时，我拿出放在办公室的柔软的羊毛毯，给他盖上。过了一会儿，他说能听到一种“像心跳一样”的声音，那声音让人觉得舒适。

我让他靠在座位上休息。不一会儿，他开始低声哭泣，嘴里念着："妈妈，妈妈。"

另一位女性癌症患者向我讲述了她做的一个梦。梦里，她走在一条熟悉的街道上，转过拐角，突然遇到一个披着黑色斗篷的身影：

> 我大声呼救，但没有人。我和这个黑暗的身影单独待在一起。我转身逃跑时，斗篷罩到了我身上。我挣扎着，但斗篷里没有人，只有黑暗。里面是黑色的，全黑，但不知怎么的，我能看到……不是用眼睛看……那黑暗没有尽头。里面非常安静，一片死寂。天鹅绒一样，软软的。我没有掉下去。我漂浮在无尽的黑暗中。漂浮着……
>
> 我是自由的。没有重力。我的身体也不疼了。（长时间停顿）这黑暗就像爱。这里非常非常好。它完全接纳了我。不评判。我没有不舒服。我……就是我。

这些病人和其他许多有过类似经历的人都被他们自发的意象和形式的力量所震惊。我们经常认为健康和疾病就是好坏对立的表现。大多数语言都反映了这种思想。比如感到难受时，我们会说"我觉得很糟"，康复时会说"我觉得很好"。黑暗和光明则延续了这种对立关系：治愈是一种好的表现，与光明有关；疾病则是一种坏的表现，与黑暗有关。

几千年来，黑暗都是负面形象。然而，自然疗愈意象以黑暗的形式呈现并不令人感到意外。根据中世纪传统，黑暗是净化和转化的必要条件。人们将不纯的渣滓金属放入一个密封的烧瓶中，创造出变成纯金所需的完美黑暗。

光亮是男性能量的原型，黑暗则代表女性的力量，也就不难理解治愈应该与黑暗有关。宇宙之初，天地一片混沌。人的身体也是在黑暗中形成的，就像种子也是在黑暗中得到滋养。所以，一些人能在这种初始状态中得到治愈的力量。

在拐角处看见

我的名字叫瑞秋，取自外祖母的名字。但直到我50岁，大家都叫我的中间名娜奥米。我45岁左右时，年近85岁的母亲选择接受心脏冠状动脉搭桥手术。手术难度很大，也不是特别成功。术后，母亲在一家大型医院的冠状动脉重症监护室里躺了好几天，监护室里当时还躺着24个病友。头一个星期，她昏迷不醒，命悬一线，靠呼吸机维持呼吸。我觉得手术太可怕了，同时也对身体的能力感到惊叹，竟然在八十几岁高龄还能承受如此重大的手术干预。

母亲终于醒过来了，却很糊涂，常常连我这个唯一的孩子都不认得。护士们让我放心。这种情况很常见，这是重症监护精神错乱，老年人对这种机器哔哔作响和持续的人造光环境感到陌生，往往会与现实分离。虽然护士这么说，我还是很担心。母亲不仅不认识我，还产生了幻觉，她会看到有虫子在她床上爬，感觉水顺着她的背流下来。

她虽然不记得我的名字，却常常和我聊天，而且一聊就是很长时间，聊以前的事，聊她的母亲。外祖母在我出生前就去世了，认识她的人都说她是个圣人。母亲跟我讲了许多外祖母无意之下做的善举。她用到了一个希伯来语“Che-sed”，翻译过来大概就是“慈爱”。外祖母为无家可归的人提供住所，给别人（通常是陌生人）鼓励和经济支持，帮助他们实现梦想。她说外祖母为人谦逊，学识渊博，还说到她童年记忆中在俄罗斯生活的贫困和艰难。她说当时家里人遭受着辱骂和仇恨，其他人对此都表示愤怒，外祖母则表示同情。

日子一天天过去，母亲的身体慢慢恢复，但精神状态还是不太稳定，有时会把护士认成她的旧相识，还说病房里有鸟儿在飞，在唱歌，护士开始纠正她，还叫我也纠正她，说只有这样才能让她回到现实。

我还记得她快转出重症监护室时，我去看她。我问她知不知道我是谁，她激动地说：“知道啊，你是我心爱的孩子啊。”听她这么说，我总算有点安慰了，正准备坐在房间唯一的椅子上，母亲制止我了：“不要坐那。”我怀疑地又看了看那张椅子，问道：“为什么不能坐？”

她说：“瑞秋坐在那儿啊。”我转过去看着她，显然她看到了我看不到的人。

我看到正在帮母亲调整静脉注射的专科护士皱了皱眉头，但我还是走回大厅，又拿了一把椅子进去，坐在上面。母亲非常温柔地看着我和旁边的空椅子。她第一次直呼我的名字，对旁边的客人介绍道：“瑞秋，这是瑞秋。”

然后母亲开始向她的母亲瑞秋讲述我小时候的故事，她说她为我今天的成就感到自豪，仿佛外祖母真的就坐在那里，以至于我在想自己为什么看不到外祖母。这一切让人很不安，但也非常感人。她会时不时地停下来听对方讲话，然后又把外祖母的回应转达给我。她们八卦地谈论着我从未见过的人：我的曾外祖父大卫和他的兄弟们，我的曾叔公们，说他们个个长相英俊，都是出色的骑手。我母亲笑着对空椅子点头说："那些家伙们。"她向外祖母解释为什么给我起了她的名字，说是希望我心地善良。又说父亲却坚持用我的中间名称呼我，因为那个名字来自他的家族，她向外祖母表示抱歉。

聊天聊累了，母亲就靠在枕头上闭目养神了一会儿。当她再次睁开眼睛时，对着我和空椅子笑了笑，说："你们俩都在这里，我真开心。你们中会有一个人带我回家。"然后她又闭上了眼睛，睡着了。后来，外祖母带走了她。

这段经历虽然当时让我感到不安，但对我母亲来说似乎是一种深深的安慰。在她去世后，我一次又一次地重温当时的情景。多年的慢性病和生理缺陷我都挺过来了。20世纪50年代，我是医学院班上为数不多的女性之一。60年代，我是斯坦福医学院为数不多的女教工之一。面对各种限制和挑战，我都游刃有余，这些成功都不是靠慈爱得来的。一段时间后，我逐渐意识到，尽管我很成功，却失去了一些重要的东西。于是，50岁的时候，我开始让人们叫我瑞秋，那才是我真正的名字。

神圣的瞬间

一位经验丰富的新生儿专科医生，也是美国南部一家大型医院的新生儿科主任，被问到从医生涯中有没有遇到过什么神圣时刻，她跟同事讲了下面这件事。她的病人，一个小小的早产儿，尽管她们提供了最先进的重症护理，但几周之后这个孩子还是生命垂危，不久于人世，她们应该通知父母来跟孩子告别了。她怀着沉重的心情打电话给孩子的父亲，请他去医院看看孩子。几周以来，母亲一直对孩子的病情太过忧心，现在正在接受药物治疗，已经几个星期没去看孩子了。孩子父亲说，他一个人过去。

放下电话后，她听到婴儿重症护理室监视器和其他机器发出的哔哔声和医护人员忙乱的嘈杂声，想找个地方清静一下，整理一下思绪，等着孩子父亲过来。她沿着大厅走到附近唯一安静的地方，一个小教堂，独自待了几分钟，想着一会儿该怎么告诉这位年轻的父亲他的儿子撑不下去了。

15分钟后，当她走向候诊室时，突然觉得应该给婴儿服用某种药物。这一想法让她很惊讶，因为这种药物通常不是用来治疗这个婴儿的病的，她生气地摇了摇头。可这奇怪的想法挥之不去。她和孩子父亲一起回顾了治疗过程，向他保证医院已经尽力了，然后请他一起去重症护理室和孩子道别。她看着这位父亲悲伤的样子，心想："已经这样了，再试一下又有什么关系？"于是她提出也许还可以尝试一种药物，虽然通常不用于治疗这种病，但她现在觉得可以试试。在征求了孩子父亲的许可后，他们一起去了护理室。

婴儿已经奄奄一息。她不好意思地向护士提出了这个特别的要求，自己准备好药剂并给婴儿注射。她和孩子父亲站在保育箱的两边等待着，看着全身青色、大口喘气的婴儿。情况没有任何变化。为了让这位父亲单独与孩子相处，她离开去处理一些文件。几个小时后，她往病房里看了看，惊讶地发现孩子父亲还在那里。她走近保育箱，发现婴儿那小小的胸腔起伏变慢，呼吸也变得正常。她几乎不敢相信自己的眼睛，抬起头，发现孩子父亲在看着她。他们四目相对，久久说不说话来。这就是她选择告诉我们的"神圣"时刻。最近，那孩子的父母带着孩子回来看望她。他今年12岁了。

医生们坐在那里思考了一会儿。然后，这位新生儿专科医生开始讲述她当时是如何应对这件怪事的。她说自己的思维是有条理的、务实的，这件事让她很不安，她不停想着这事，觉得必须找到合理的解释。她逐渐认为自己在某个地方读过或听到过一份初步研究报告，其中提到了这种药物可以治疗那种病，所以她才想到了这个药。她想不起来是从哪个期刊或会议上得到的这个信息，但她越来越确信事情就是这样。她这才能淡忘整件事。

大约两年后，她读到一项研究，内容是关于患有严重呼吸困难的早产儿，这些早产儿服用了这种药物后得以康复。谜团解开了！她很高兴地打电话给研究人员，问他们在哪里发表的初步报告或提到了正在进行的研究工作，研究人员却说这是他们根据这项研究首次撰写并发表的文章，在研究结果出来之前他们是不会对外宣传的。然后她就跟研究人员说她也有过这样一个病例。

她沉思自己的反应，大声告诉我们，她一直坚持某种解释，这种解释可以让她对世界的运作方式保持熟悉和舒适的感觉。她曾拒绝过来自敬畏的馈赠，所以这馈赠再次出现了。

另一位医生是缓和医疗（Palliative Care）方面的专家，他讲述了他照顾一名因患艾滋病而病重垂死的年轻人的经历。尽管他努力去和病人及其家人接触，但他们都很痛苦，且拒绝沟通。他最终放弃了，只是尽力提供最好的专业护理。

一天凌晨3点，护士打电话通知他这位病人已离世，请他去宣布病人死亡并签署死亡证明。想起第二天清晨他需要去查房，他连睡衣都没换，匆匆套上外衣，开车去医院。沿着黑暗的街道行驶时，他不由自主地抬起头来，看到了夜空，仿佛这是第一次。黑暗似乎是一种无声而神圣的空虚，没有开始，也不会结束。星星像无数纯净的光点一样悬挂在浩瀚的天空。他第一次这样观察夜晚，内心充满了敬畏和深深的平静与感激。理性试图将这种想法斥为异想天开，他还要抓紧时间处理事情，以便第二天早起查房。但他还是把车停在了路边，下车，沉浸在敬畏之中。大约15分钟后，这种情绪消失了，他继续驱车前往医院，天空看起来也和往常一样了。这段经历很短暂，但很有力量，且出乎意料地重要，尽管他说不清原因。

那群医生一起思考着这一经历的意义，得出了各种解释，最后有人提出了这样一个观点：也许那位病人在离世的时候找到了一种方式，直接与医生分享他当时的想法，作为道歉和临别礼物。正如一位医生所说："也许在死亡的那一刻，人们找回了完整的自己……而这完整性会经过我们身边。"

奥　义

最近一次去看母亲时，我迟到了。在办公室忙了一天的我疲惫不堪，又赶上了下班高峰期，交通特别拥堵，我中途还停下来去给她买花。当时是晚上7点，母亲最喜欢的紫色鸢尾花已经卖完了，也没什么其他花。看到我很难过，花店老板从冰箱里拿出一束半开的鸢尾花，说它们几小时后就会开放，我就买下来了，烦躁不安地等着他用绿色包装纸把花包起来，然后拿着这束奇怪的花匆匆离去。

我抱着花，推开病房沉重的门，一名护士在那里等我，一看到我就说："请节哀。"我母亲刚刚去世了。我愣住了，任由护士带我来到她的房间，她躺在床上，似乎睡着了。她的手还是温暖的。护士问需要不要帮我打电话给谁。我呆呆地给了她一些老朋友的号码，然后就坐在那里等着。房间里一片寂静祥和，朋友们接二连三地来了。

4天后，我在近5000公里之外的纽约为母亲筹备葬礼。那个春天出奇地热，纽约的气候尤其恶劣，闷热难耐。葬礼负责人体贴善良，他温柔地看了一遍葬礼安排，我们之前在电话中聊过母亲对葬礼的想法，他又再次与我确认其中的细节。然后他停了下来，问道："你母亲的遗体从加利福尼亚运来的时候，同时有别的东西一起运过来。你要看看吗？"我们一起沿着走廊走到安放母亲遗体的地方。母亲躺在紧闭的松木棺材里，而躺在棺材盖上的，缠着绿色包装纸的，是我留在母亲病房的那束花。那些鸢尾花正在盛开。我至今仍然清楚地记得每一朵都热烈绽放着，生机勃勃，似乎充满紫色的光芒。而它们已经缺水4天了。

对于这种事，人们很容易将其忽略，而不是轻松改变观点，或是产生暂时搁置怀疑的意愿。不要用另一种方式解决算式。接受其他可能性就意味着要忍受不确定性。也许真的有那么一刻，我那俄罗斯的外祖母就坐在我旁边，或者母亲把我最后送给她的那束花当作礼物又送给了我，让我知道生活中有许多事就是无法理解的。

最后一课

有时，一个人死亡的方式、时间、地点，甚至环境的细节，可能会让那些活着的人怀疑，他在生命消逝时是不是找回了隐藏的自己，解决了个人问题，找到了困扰他一生的问题的答案。死亡被称为伟大的老师，它可能也是伟大的疗愈者。“教育”（Education）一词的词根是“Educare”，意思是引导一个人找到内在的完整性。因此，从最深层的意义上说，真正教育我们的东西也会治愈我们。

因果报应理论认为，生命具有教育和治愈的本质，我们每个人内在的完整性会被唤醒、得到阐释，并通过生命中的挑战和经历而得到巩固。人的一生就是在寻找心灵，而死亡可能是这一过程中的最后一场经历，也是最具完整性的一次经历。

我见到托马斯的时候，他已经70多岁了，当了将近50年的独立执业家庭医生。一大家人，从祖辈到孙辈，遇到问题都会找他帮忙，寻求他的建议，并称他为朋友。他也确实像一位老友，头发花白，心地善良，他像一棵老橡树一样瘦削而多节。

我认识他的时候，他已是肺癌晚期，要通过鼻导管不断输氧，才能四处走动。直到去年，他都没有休过一天假，却不得不在一个月前关闭了自己的诊所。他是一位敏锐的诊断专家，知道自己快要死了。他提议让我们聊一聊他的生活。近几年他思考了很多，想到在这个时候分享他思考的过程，可以帮助自己做好准备面对死亡。

托马斯认为死亡是生命的最终结局。他从小是天主教徒，但很早就不信教了，而是相信科学能够给纷乱的生命带来秩序，这一信念没有让他失望过。然而，他认为生命有着内在的价值，希望能审视和理解自己的生命及生命的意义。

令我惊讶的是，一个如此无私、富有同情心、尊重他人生命、对解剖学和生理学之美充满敬畏的人，却没有什么宗教或精神信仰。出于好奇，我询问他离开教会的缘由。对于生命中的其他细节，他都直言不讳，唯独对这件事缄口不言。我只知道他在16岁时因为某件事离开教会，却一直不知道是什么事。

托马斯一直孤身一人，一生未婚，过着独居生活，几乎到了苦行的地步。不过，他对各种形式的美颇为在行，喜欢艺术、诗歌、戏剧、音乐、芭蕾舞和文学，收藏了一千多本书。托马斯把一生都献给了医学和他服务的家庭，尽力满足他们的需求，帮他们达成希望和梦想。他深深地关爱着这一家人。

在我们刚谈话时，我问他怎么看待自己和患者的关系。他看着另一位病人送给我的牧羊人和羊群的小雕像，笑着说："就像那样。"之后的几个星期，我们审视了他的工作性质以及这份工作对他的意义。

牧羊人要保障羊群的安全，让它们远离危险，帮助它们找到食物和水从而得到滋养，要为母羊接生，还要找回走丢的羊并把它们带回羊群。

托马斯给我讲了许多关于他保护患者的故事，我们一起审视这些故事，交流想法和观点。在讲述和反思中，他似乎更深刻地认识了自己的生命对他人的意义以及自己的角色。讨论中，他经常使用一个奇怪的维多利亚时代的词：患者在他这里寻求“庇护”（Sheltered）。他是他们的安全地，为他们提供支持，是他们的朋友。他时刻守护着患者，保持警惕，值得信赖。我们讨论了牧羊人身上兼具男性（阳）的行动和保护原则和女性（阴）的包容和滋养原则。这就是完整性的标志。

咨询期间，他的病情不断恶化，呼吸越来越吃力。我最后向他提出了有关独居生活的问题。我问他向谁寻求庇护，谁来保护牧羊人呢？他说：“没有人。”说出这句话时他控制着自己的痛苦。很明显，他不相信自己有庇护之所，职业上来说，他是牧羊人，但就他个人而言，他已经与羊群分离，成为一个孤独的人，一个迷失的人。他似乎不愿意更深入地聊这个话题。

我十分困惑，让他编一个关于走失羔羊的故事，他吞吞吐吐地讲了这么一个故事：一只羔羊走丢太久了，甚至不记得自己属于羊群，它学会了独立生存，有什么吃什么，躲避捕食者。我问他：“这只小羊知道牧羊人在找它吗？”他说：“不，这只小羊做了一件很坏的事，牧羊人早就不记得它了。”

“你也是一个牧羊人。如果一只做过坏事的羊羔走丢了，你会去把它找回来吗？”他似乎有些不解。我提醒他之前他跟我讲的故事，有一个年轻患者因为犯法被送上了少年法庭，他就做她的监护人照顾她，那个女孩最后上了大学。我提起了这个例子，问他当初为什么会去找那个迷失的女孩并把她带回家，他毫不犹豫地说："因为她是我的病人啊。"我说："是啊。"沉默了一会儿后，他突然改变了话题，但我看到他明白了我的意思，即牧羊人和他的羊群之间有深厚的感情，他们不会评判对方，这种联结比他之前认为的要深刻得多。

接下来的几个月里，我们聊了许多不同的话题，我渐渐忘记了牧羊人的形象。我们聊到了童年记忆、成年生活和失去的爱，他这70年的生命是那么丰富多彩，真是美好的人生。

其间托马斯住院过一次，他的病情不断恶化。他的肿瘤医生已经用尽了所有治疗方法，最后只能增加用药量来缓解他的呼吸困难。渐渐地，他病得不能来办公室了，那个秋天，我开始去他家里看他。后来他被送去了临终安养院，到12月初，他已经呼吸急促到无法说话。我只能坐在他身边，握着他的手，有时读诗歌或唱歌给他听。

他一直坚持着，连临终关怀人员都对他的耐力感到惊讶。一位护士说他应该是在等什么，我想也许她是对的，但又不知道他究竟在等什么。他的哥哥已经从东海岸过来道别了，他的许多病人也都送来了卡片和其他表达爱意的东西。

平安夜那天，我接到护士打来的电话，说托马斯昏迷了一整天，他的分泌物出现了问题，问我要不要去一趟。见到托马斯的那一刻，我意识到他已经油尽灯枯，以前吃力的呼吸现在变得很微弱，断断续续的。一位年轻的护士在照顾他，似乎不太确定要不要留在房间里，所以我邀请她留下来。我和托马斯说话，他没有任何回应。我和护士给他换了床单，让他舒服一些，然后就坐下来一起等待。托马斯的呼吸间隔逐渐变长，过了一会儿，他的呼吸停止了。

那位年轻的护士似乎松了一口气。托马斯的哥哥曾经说过有什么事要通知他，所以护士给他哥哥打了电话。他说他第二天飞过来，还让护士给托马斯选定的葬礼负责人打电话，她也照做了。她又打电话让托马斯的肿瘤医生签署死亡证明。该做的似乎都做完了。我在托马斯的床尾站了一会儿，怀念他，并为他祝福，之后就离开了。

天已经黑了，变得很冷。我紧握着口袋里的钥匙，缩在外套里，加快了脚步。快要走到停车的地方时，整个城市的教堂钟声开始响起。我停住了脚步，有些疑惑，钟声是为托马斯响起吗？然后我想起来了，当时是午夜。牧羊人来了。

后　记

一切真实的事物没有开始，也不会结束。你我生命中的故事也不会就此完结，还有许多餐桌故事等着我们。随着时间的推移，我们可能又回顾起过去的餐桌故事。我最宝贵的记忆就是童年时候的星期日下午，家里的所有人都会在午餐后聚集在客厅，讨论世界大事和政治，唯独祖父和我秘密相聚在厨房谈论信仰。我的父母很自豪自己是现代人，觉得信仰太迷信了，生活中遇到任何问题都会寻求科学的解决方法，他们如果知道祖父和我谈论这些会不高兴。

于是，客厅里，大家在激烈讨论罗斯福的政策，大声宣读并欣赏丘吉尔的演讲，我和祖父则会坐在餐桌旁谈论世界的神圣，他教我如何感谢生命的馈赠，或者读古老的文字给我听，他总是把这些书揣在口袋里。有时他还会让我背一些文章，文字都很美，且容易记。但有些文章又复杂又难懂，对一个6岁的孩子来说太难了。但我知道祖父非常喜欢这些文字，在他的支持下，我也愿意尝试去理解并背诵。

我开始走神时，祖父就会让我喝一小口他藏在冰箱深处的马尼舍维茨酒，以鼓励我继续。这简直就是贿赂，因为我很喜欢这种酒。

我还记得有一次语录特别难背：

我不为我，谁又为我？
当我为我，何而为我？
不待此刻，更待何时？

当时的我根本不明白这说的是什么，即使祖父耐心解释了，我还是不懂。最后，我沮丧地哭诉："爷爷，我听不懂。"他只是说："宝贝，你只要记住就好了，然后等待。总有一天，等到需要你明白的时候，你自然就能懂了。"我看着亲爱的祖父，第一次发现他老了，心里一震。也许他可能不能一直陪伴我，为我答疑解惑，有一天他会死去，就只剩下我自己满脑子疑问。我泪流满面，十分难受。

70多年过去了，马尼舍维茨还在用方瓶装酒，每当我在超市看到这种酒时就会想到很多事情。也许智慧只需等待，它会通过时间治愈问题。你遇到的任何好事将永远属于你。

致谢

没有大家的支持，我不可能完成这本书。

我要感谢所有与我慷慨分享自身故事的人；感谢患者，是他们让我为生而为人感到自豪；感谢医生和医学院学生，是他们让我为成为一名医生而自豪；感谢允许我讲述他们故事的人，有些人已经故去，为了保护一些人的隐私，我更改了他们的名字、职业和诊断内容。

我还要感谢让这本书得以出版的人：感谢我的经纪人埃丝特·纽伯格（Esther Newberg），是她坚定不移的诚实和正直一直支持着我；感谢迪安·欧尼斯（Dean Ornish），他的友谊支持我完成了这本书；感谢我的编辑艾米·赫兹（Amy Hertz），是她指出了内容上的问题并让观点站得住脚，也感谢河源出版社（Riverhead Books）的优秀员工愿意放手一试。

我还要特别感谢芭芭拉·麦克尼尔（Barbara McNeill），她对这本书一直充满信心，与我慷慨分享独特的见解。感谢塔玛拉·科恩（Tamara Cohen）、朱迪斯·斯库奇-惠特森（Judith Skutch-Whitson）、惠特·惠特森（Whit Whitson）、卢·卡里诺（Lou Carlino）和吉利·卡里诺（Jilly Carlino）阅读了初稿，并相信我能写成这本书。

祝福约翰·卡巴特-津恩（John Kabat-Zinn）、大卫·艾森伯格（David Eisenberg）和查尔斯·特里（Charles Terry），是他们打破了我所有的知识分子的做作感，鼓励我以贴近生活的方式进行写作。我还要祝福劳伦斯和玛丽·洛克菲勒（Laurance and Mary Rockefeller），他们从一开始就对我充满信心，让我有了尝试的勇气。

由衷感谢我的朋友尤拉·尤日科夫斯基（Yola Jurzykowski），她深夜从尼泊尔打来电话，与我探讨这本书的真正意义。感谢我的好友詹尼弗·斯托维尔（Jenepher Stowell）、马里恩·韦伯（Marion Weber）、唐·弗林特（Don Flint）、瓦兹·托马斯（Waz Thomas）、玛丽亚·马尔萨斯（Marya Marthas）、玛里琳·沃尔（Marilyn Wall）和约翰·塔兰特（John Tarrant），他们连续几个小时听我在电话里读这些故事，有时听到凌晨。

特别感谢珍妮·西格里斯特（Janie Siegrist）带着爱和智慧阅读了这本书的每一稿，并为书稿祈祷。感谢所有耐着性子读完早期书稿的人。苏基·米勒（Sukie Miller）花了几天时间把书稿分成不同章节，菲利普·布鲁克斯（Phillip Brooks）、哈里斯·廷斯弗雷（Harris Dientsfrey）、乔什·邓汉·伍德（Josh Dunham-Wood）、唐·弗林特、瓦兹·托马斯（Waz Thomas）、芭芭拉·麦克尼尔、斯蒂芬·米歇尔（Stephen Mitchell）、詹尼弗·斯托维尔和马里恩·韦伯满怀善意和爱提出了见解和批评。感谢凯尔·赫施伯格（Caryle Hirschberg）利用电脑帮我和我的编辑们解决困难，感谢约翰·塔兰特（John Tarrant）劝我放弃微软系统，转而使用苹果公司的Mac和办公软件WordPerfect 3.1。

感谢我优秀的同事迈克尔·勒纳（Michael Lerner），以及公益癌症帮助计划和健康与疾病研究所的工作人员对我的支持。向泰勒·布鲁克斯（Taylor Brooks）、贾纳尼·查普曼（Jnani Chapman）、普鲁莎·多尔蒂（Purusha Doherty）、伊丽莎白·埃文斯（Elizabeth Evans）、唐·弗林特（Don Flint）、艾琳·加尔维（Irene Gallwey）、莫妮卡·考弗（Monica Kauffer）、勒诺雷·勒弗（Lenore Lefer）、香农·麦高恩（Shannon Mc-Gowan）、伊莱斯·米勒（Elise Miller）、大卫·帕克（David Parker）、纳丁·帕克（Nadine Parker）、沙里尔·巴顿（Sharyle Patton）、迈克尔·拉弗蒂（Michael Rafferty）、萨拉·赖因戈尔德（Sara Reingold）、克里斯汀·舒尔茨（Christine Schultz）、詹尼弗·斯托维尔、瓦兹·托马斯和弗吉尼亚·维奇（Virginia Veach）致敬，感谢他们在这几个月里对脾气暴躁、心烦意乱的我那么宽容。

还要感谢一些人，是他们的奉献和支持开创了本书涉及的领域：罗伯·雷曼（Rob Lehman）和费策（Fetzer）研究所的理事和工作人员，查尔斯·哈尔彭（Charles Halpern）和内森·卡明斯基金会（Nathan Cummings Foundation）的好人温克·富兰克林（Wink Franklin 0），以及思维科学研究所（Institute of Noetic Sciences）的董事会和工作人员，还有健康促进研究所的创始人——勇敢又有远见的艾琳·洛克斐尔·格罗瓦尔德（Eileen Rockefeller Growald）。

衷心感谢妮娜·斯特拉特纳（Nina Stradtner）每周把我家收拾得那

么干净有序，让我可以头脑平静地进行写作。

最后，深深感谢那些了解我的人：我的祖父拉比迈耶·齐斯金德（Rabbi Meyer Ziskind），我的母亲格拉迪斯·萨拉·雷曼（Gladys Sara Remen）和父亲伊西多尔·约瑟夫·雷曼（Isidore Joseph Remen），还有我的朋友和同行布伦丹·奥里根（Brendan O'Regan）和萨拉·乌诺布斯基·米勒（Sara Unobskey Miller）。他们对我的了解甚至早于我自己，他们一开始就相信我的能力，并通过他们的诚实正直让我认识了自己。

如果没有他们，我的人生会完全不同。